本书荣获首届中国出版政府奖 图书奖

SHIWAN GE WEISHENME

十万个为什么 星际太空

新世纪版

赵君亮 李必光 主编

U0652690

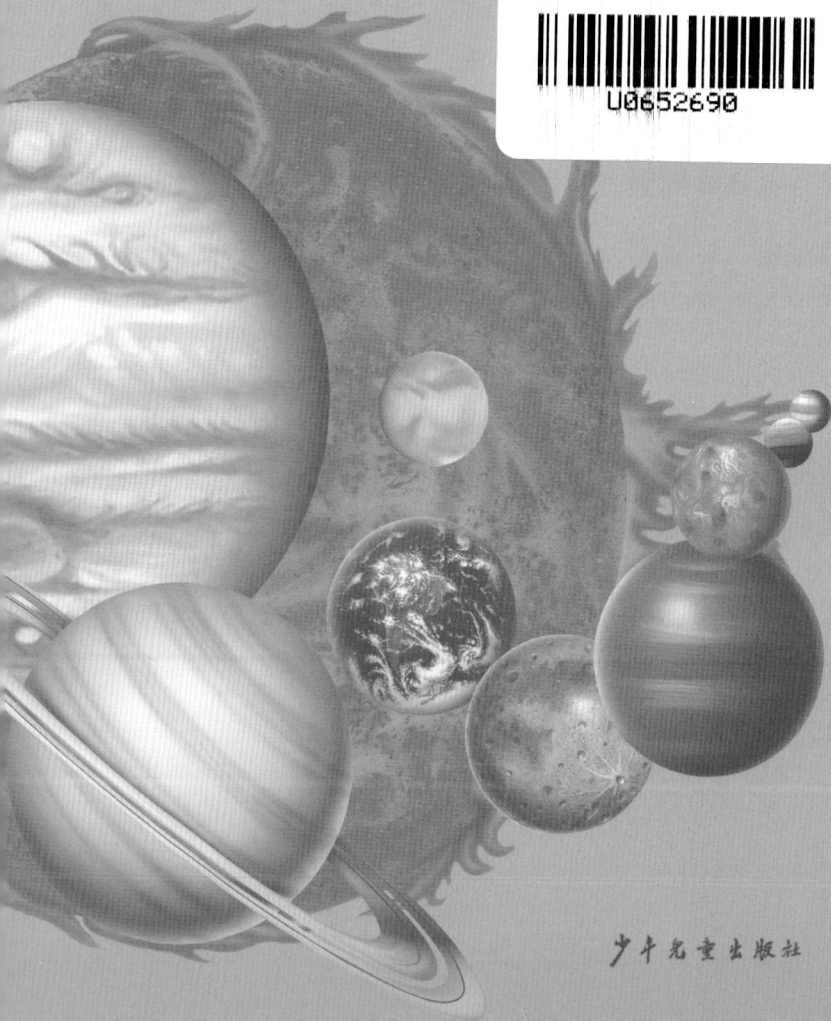

少年儿童出版社

宇宙科学分册

主　编　赵君亮　（上海天文台台长　研究员）
　　　　李必光　（上海市宇航学会　高级工程师）

撰稿者（排名不分先后）

赵君亮	李必光	卞德培	陈　力	张绍光
洪晓瑜	林　清	钱伯辰	谭德同	邵正义
陶　隽	张庆麟	傅承启	郁慧芳	万　籁
李　珩	戴文赛	叶永烈	闵乃世	全和钧
阎林山	顾震年	韩　溥	高　树	傅其峻
周志强	湜　介	温学诗	杨福民	王国荣
李　良	南　天	王国忠	徐青山	张翼珍
李叔廷	谈祥柏	赵宪初	陈　丹	牛灵江
邹惠成	李　竞	姚　遐	石淑仪	刘金铭
石　凡	石　工	向　英	王建华	崔　苓
陈　祥	毛爱珍	张京丽	路　明	邓禾生
戴　天	傅德濂	何一平		

SHIWANGE WEISHENME

3

为什么要研究天文学

昼夜交替，四季循环，人们生活在自然界中，首先就接触到天文现象。明亮的太阳、皎洁的月光、闪烁的繁星、壮观的日食……这些都向人们提出了无数疑问，我们生活的地球是怎样的？它在宇宙中占有什么地位？太阳为什么会发出光和热？它对人类生活有什么影响？夜空中闪烁的星是什么？除了我们地球之外，别的星球上还有没有生命？彗星和小行星真会与地球相撞吗？……这些问题需要人们花很大的努力去探讨、去研究。天文学的形成和发展过程，就是人们对自然界逐步了解的过程。

古代人们在从事农牧业生产时，为了不误农时，首先懂得利用天象来确定季节。渔民和航海家利用星星在茫茫的海洋上确定自己前进的方向，利用月相来判断潮水的涨落……

天文工作在现代更有了新的发展。

天文台编制的各种历表，不仅供给人们日常生活应用，而且更是大地测量、航海、航空、科学研究等部门离不开的。

生活中离不开时间，近代科学更需要精确的时间记录，天文台就担负了测定标准时间并提供服务的工作。

各种天体是一种理想的实验室，那里有地面上目前所不能得到的物理条件。如质量比太阳大几十倍的星球，几十亿度的高温，几十亿大气压的高压，以及每立方厘米几十亿吨的超密态物质。人们经常从天文上得到启发，然后再加以利用。翻开科学史的记录可以看到：从行星运动规律的总结中得出了万有引力定律；观测到太阳上氦的光谱线后，在地球

1

上才寻找到了氦元素；从计算新星爆发的能量，发现了人们还不了解的能源……

天文学与其他的学科发展关系也非常密切。19 世纪以前，天文学与数学、力学的发展息息相关；到了现代，科学技术高度发达后，天文学更深深地渗透到其他学科。我们都知道，当爱因斯坦发表了相对论以后，就是利用天文观测的结果给予这个理论以有力的支持；天文学上的重大发现对高能物理、量子力学、宇宙学、化学、生命起源等学科都提出了新的课题。

天文学给我们揭示了自然界的真面目。几千年来，人类对于地球的性质、地球在宇宙中的位置以及宇宙的结构等方面都曾有过错误的认识。假如没有天文学，这些错误的认识一定会继续下去。波兰天文学家哥白尼曾冲破几千年的宗教束缚，提出了日心说，使人类对宇宙的认识前进了一大步。现在小学生也知道"地球是球形的"这一条真理了。

在人类进入航天飞行的时代里，天文学集中了人类对于自然认识的精华。如果一个人对现代天文学的伟大成就一无所知，他就不能算是一个受过教育的人。正因为如此，世界上很多国家把天文学列入中学课程。

上面我们仅从几方面简单地介绍了天文学的发展和应用。由此可见，天文学对现代科学的发展起了推动的作用，是人们认识自然、改造自然的重要学科。

关键词： **天文学 天体**

天文和气象有什么关系

在我国古代，形容一个人知识渊博，往往说他"上知天文，下知地理"，在"上知天文"中就包括对天文和气象知识的了解。现在仍有不少人受了这种影响，搞不清天文和气象这两门学科之间的关系。在古代，各门自然学科都处于萌芽状态，两门或者几门自然学科混在一起是常有的事，古人以为天文学和气象学都是研究"天"的，把它们混在一起，那是毫不奇怪的。但是，现在天文学和气象学都大大地发展了，已经形成了两门不同的学科。

天文学是研究天体的科学，它主要研究天体的运动、天体之间的相互作用、天体自身的物理状况和它们的来龙去脉。把地球当做太阳系的一个行星来考察时，也把它看成一个天体，因此也是天文学的研究对象。

气象学的研究对象则是地球大气层。如果你看了《十万个为什么》(新世纪版) 的本册和地球科学分册，就会对天文学和气象学所研究的对象，有一个明确的了解。

天文和气象既然是两门不同的科学，它们是否就完全没有关系呢？也不是的。天气的变化主要是地球大气的运动引起的，但是一些天文上的因素也可能会对天气的变化起一些影响，其中太阳的活动对地球的长期气候变化可能有极重要的影响。如在公元 1645～1715 年这 70 年间和公元 1460～1550 年这 90 年间，都是太阳活动的持续的极小期，它们都与地球的两个寒冷期相符。当时，全球平均温度分别下降了 0.5～1℃；而中世纪的太阳活动极大期，与当时的地球温暖期也是相吻合的。

除了太阳以外，还有一些天体对地球上的天气变化有影响。有人认为，月球和太阳的引力作用，除了产生地球上海洋的潮汐外，还引起地球大气的潮汐，影响大气环流。我们晚上看到的流星，对天气变化也有影响。比如下雨要有两个条件：一是大气中有足够的水汽；二是有一定的灰尘或带电粒子，作为水汽凝结成雨滴的凝结核。流星在大气中烧毁后就留下了大量的微粒作为凝结核，促使雨滴的形成。

如果我们弄清了这些天文因素对天气变化的影响，就可以把天文研究成果用来改进长期天气预报。我国劳动人民在长期的生产斗争中积累了丰富的天气预报经验，有些天气预报的农谚就是根据天文因素编出来的。

天文观测也要有一定的天气条件，如在雨天和阴天，光学望远镜就无法使用。因此，准确的天气预报，也有助于天文观测和研究。

☞ 关键词： 天文学　气象学

20 世纪 60 年代天文学上的
四大发现是什么

20 世纪 60 年代，随着大型射电望远镜性能的提高，在天体物理学这门最引人入胜的学科里，接连传出了几项重大发现，这就是：类星体、脉冲星、宇宙背景辐射和星际有机分子。

1960 年发现了第一个类星体，它的最大特征就是光谱线的红移特别大，这表示它离我们地球非常遥远，竟有几十亿到上百亿光年以上。另一方面，类星体的光度要比整个银河系(银河系中约有 1000 亿颗恒星)还要强 100～1000 倍，射电亮度更要强 10 万倍！可是，类星体的体积却很小，只有银河系的几千万亿分之一！是什么原因使类星体能在如此小的体积内积聚着这样巨大的能量呢？是不是存在着一种我们今天还没有了解的新能源呢？随着多年来观测资料的积累，已发现了 6200 多个类星体。人们虽然对它们有了一些了解，但其本质仍然是一个谜！

1967 年，两位英国天文学家在天空中观测到一个奇特的射电源，它们以极其精确的周期重复地发出一个个射电脉冲，脉冲的准确度胜过普通的钟表。起初，天文学家们甚至怀疑它们是宇宙中高级生物向我们发送的无线电报呢！后来又陆续发现了一系列这样的天体，通过研究，天文学家认识到，这是一种新的天体——快速自转的中子星，称为脉冲星。现在，已经发现的脉冲星有 550 多个。脉冲星的质量与太阳差不多，体积却十分小，通常直径只有 10～20 千米，因此密度很大，1 立方厘米的脉冲星物质竟有 1 亿吨，是太阳核心物质密度的 1 万亿倍！脉冲星表面温度在 1000 万摄氏度以上，核心温度更高达 60 亿摄氏度。在这种高温高压下，物质处于一种奇异的状态——中子态，即原子的外层电子全部被挤入原子核而与核内正电荷中和，结果，原子核呈中性不带电状态，核与核紧密地排在一起而使体积大大缩小。现在不少人认为，脉冲星是一种年老的恒星，因其核燃料消耗完毕，引起了一场灾变而坍缩的结果。脉冲星的发现者也因此获得了 1974

年诺贝尔物理学奖。

1965年，两位美国物理学家在寻找干扰卫星通信系统的噪声源时，偶然发现天空的各个方向上都有着一种微弱的微波辐射，它们相应于绝对温度为3K的黑体辐射。这种辐射来自宇宙深处，各个方向上几乎完全相同，可见宇宙并不是"真空"。这个现象在天文学上称为宇宙背景辐射。它为宇宙起源于大爆炸这一理论提供了最好的观测证据。当年报道这项发现的论文虽然只有短短的600字，可是却震撼了整个天体物理学界和理论物理学界。那两位发现者还因此荣获了1978年度的诺贝尔物理学奖！

20世纪60年代初，人们在对星际空间中的短厘米波和毫米波射电辐射作了大量观测以后，出人意料地发现了多种多样的以分子形式存在的宇宙物质，其中不仅有简单的无机物，还有比较复杂的有机分子。星际分子与恒星的演化有着密切的关系。更重要的是，星际有机分子的发现，为宇宙中生命起源的研究提供了重要的线索。

20世纪60年代天文学中的这四大发现，对于天文学的发展和人类认识宇宙都是非常重要的。

关键词：类星体　脉冲星　中子星
宇宙背景辐射　星际分子

为什么要进行空间天文学研究

我们所居住的地球有一个厚厚的"盔甲",这就是厚达3000千米的大气层(但稠密的大气层仅有几十千米),由于它的保护,人类才避免了宇宙空间飞来的流星体、一些有害的射线和粒子的危害,它还能保持地球表面的温度。因此,这个大气层是十分有用的。

但是,也正是这个大气层给我们增添了不少麻烦,使我们对宇宙空间各种现象的了解受到许多限制。例如,在天文学研究方面,大气的扰动会引起星光的闪烁,使得从天文望远镜中看到的星像模糊不清,也影响了望远镜的放大倍率的增加(一般放大倍率不能超过1000倍),许多遥远、暗弱的天体也就无法观测到;大气的折光及色散等作用,会歪曲天体的位置、形状和颜色;大气层还会吸收大部分红外线和紫外线,使得人们无法在地面上对其进行研究;一定波段的无线电波不能穿透大气层,使得地面射电望远镜的观测范围受到了限制;而气候的变化,如下雨、阴天等,也使地面的光学天文台无法进行观测;等等。所以,天文工作者早就渴望着把天文望远镜搬到人造卫星上,在大气层外建造天文台,从而可以看到更多天体的真实面目。在那里,星星不再会调皮地闪烁了,太阳光也不再会发生散射现象,观测起来十分方便,随时都可以观测太阳的日冕、日珥等现象。

还有,在失重状态的人造航天器上,根本用不着担心重量引起望远镜本身的变形,无论光学望远镜或射电望远镜都可以造得很大,放大倍率也可以不断地增大。自20世纪60年代以来，世界各国发射了一系列天文卫星、行星探测器和行星际空间探测器，从而揭开了人类进入空间天文研究的新时代，为天文研究打开了一条广阔的道路，使人类认识世界、改造世界的能力大大前进一步。

关键词：**大气层 空间天文学 天文卫星**

为什么要研究星际分子

天文学家通常把恒星际空间中的气体、尘埃等各种物质统称为星际物质。20 世纪 30 年代,科学家用光学望远镜意外地在星际气体云中发现了几种双原子分子。由于光学望远镜对这类发现的观测能力有限,在以后的 30 年中,对星际分子的观测研究基本停滞。射电天文学的发展,终于向人们打开了星际分子的知识宝库。

1963 年,美国科学家第一次用射电望远镜发现羟基分子(OH)。5 年后,又发现了由 4 个原子组成的氨分子(NH_3)、水分子和结构较复杂的一种有机分子——甲醛(H_2CO)。从那时起,世界上许多国家的大型射电望远镜纷纷投入了寻找新的星际分子的工作,正如一位天文学家所说:"天文台讨论分子成了时髦的事情。"这些发现,改变了天文学家过去的一些错误看法。例如,原先认为星际空间物质密度非常低,很难生成多于 2 个原子的分子,即使形成了,由于紫外线和宇宙射线作用,很容易分解,其寿命很短。

星际分子的发现被列为 20 世纪 60 年代的四大天文发现之一,迄今为止,人们已在银河系内发现了 60 多种星际分子。研究星际分子的物理和化学过程,会取得在地球上无法得到的知识,为许多天文学重要问题的研究提供了十分有用的信息。

在太阳系、银河系以及别的星系中,已发现了氧分子、水分子和一些有机分子。在已发现的星际分子中还有氰化氢、甲醛和丙炔腈分子,这三种有机分子是合成氨基酸必不可少的原料。由此看来,在宇宙空间中,很可能存在着氨基酸。氨基酸是构成蛋白质和核酸的主要原料,因此,在地球外的其他地方,也可能存在各种各样的生命形态。

恒星在星际物质中形成和"回到"星际物质中去的过程,可以通过分析分子谱线来进行研究,其结果又可作为探索其他天文现象的依据。利用星际分子谱线的探测,不仅能了解分子云的结构,而且还可以研究银河系和河外星系的大尺度运动、形态和质量分布特征等。

星际空间处在超真空、超低温和超辐射等极端条件下,是研究原子和分子的物理现象难得的"实验室"。对星际分子的研究,无疑将推动天文学、物理学、化学、生物学以及空间技术等不断向前发展。

☞ 关键词:星际物质　星际分子

为什么说宇宙可能起源
于一次大爆炸

宇宙是怎样起源的?古今中外都有人关心这个问题。这方面有许多神话传说,也有人提出了不少科学假说。美国天文学家伽莫夫曾提出过一种新的观点,他认为宇宙曾有一段从密到稀、从热到冷、不断膨胀的过程。这个过程就好像是一次规模巨大的爆炸。简单地说,宇宙起源于一次大爆炸。大爆炸宇宙论是现代宇宙学中最著名、影响也最大的一种学说。

大爆炸宇宙论把宇宙 200 亿年的演化过程分为三个阶

段。第一个阶段是宇宙的极早期。那时爆发刚刚开始不久,宇宙处于一种极高温、高密的状态,温度高达100亿摄氏度以上。在这种条件下,不要说没有生命存在,就连地球、月亮、太阳以及所有天体也都不存在,甚至没有任何化学元素存在。宇宙间只有中子、质子、电子、光子和中微子等一些基本粒子形态的物质。宇宙处在这个阶段的时间特别短,短到以秒来计。

随着整个宇宙体系不断膨胀,温度很快下降。当温度降到10亿摄氏度左右时,宇宙就进入了第二个阶段,化学元素就是这个时候开始形成的。在这一阶段,

大爆炸

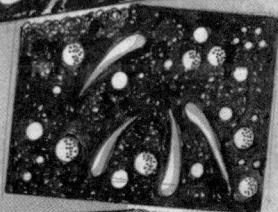

第一阶段

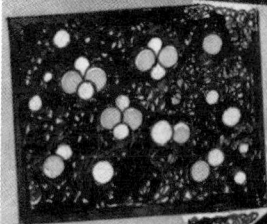

第二阶段

第三阶段

温度进一步下降到 100 万摄氏度,这时,早期形成化学元素的过程就结束了。宇宙间的物质主要是质子、电子、光子和一些比较轻的原子核,光辐射依然很强,也依然没有星体存在。第二阶段大约经历了数千年。

当温度降到几千摄氏度时,进入第三个阶段。200 亿年来的宇宙史以这个阶段的时间最长,至今我们仍生活在这一阶段中。由于温度的降低,辐射也逐步减弱。宇宙间充满了气态物质,这些气体逐渐凝聚成星云,再进一步形成各种各样的恒星系,成为我们今天所看到的五彩缤纷的星空世界。

这就是宇宙大爆炸的大体图像。

大爆炸理论刚提出的时候,并没有受到人们广泛的赏识。但是,在它诞生以后的 70 余年中,不断得到了大量天文观测事实的支持。

例如,人们观测到河外天体有系统性的谱线红移,用多普勒效应来解释这种现象,红移就是宇宙膨胀的反映,这完全符合大爆炸理论。

根据大爆炸理论,今天的宇宙温度只有绝对温度几度。20 世纪 60 年代的 3K 宇宙背景辐射的发现,有力地支持了这一论点。

有了这些观测事实的支持,终于使大爆炸理论在关于宇宙起源的众多学说中,获得了"明星"的桂冠。

然而,大爆炸宇宙论也还存在一些未解决的难题,还有待于深入研究和取得更多的观测资料,才能得到进一步的结论。

关键词:大爆炸宇宙论　宇宙　宇宙膨胀

什么是"3K 宇宙背景辐射"

1964 年，美国贝尔电话公司年轻的工程师——彭齐亚斯和威尔逊，在调试他们那巨大的喇叭形天线时，出乎意料地接收到一种无线电干扰噪声。在天空中的任何方向上都能接收到这种噪声，各个方向上信号的强度都一样，而且历时数月而无变化。

难道是仪器本身有毛病吗？或者是栖息在天线上的鸽子引起的？他们把天线拆开重新组装，依然接收到那种无法解释的噪声。

这种噪声的波长在微波波段，对应于有效温度为 3.5K 的黑体辐射出的电磁波。他们分析后认为，这种噪声肯定不是来自人造卫星，也不可能来自太阳、银河系或某个河外星系射电源，因为在转动天线时，噪声强度始终不变。

后来，经过进一步测量和计算，得出辐射温度是 2.7K，一般称之为 3K 宇宙微波背景辐射。这一发现，使许多从事大爆炸宇宙论研究的科学家们获得极大的鼓舞。他们认为，150 亿~200 亿年前宇宙大爆炸后，我们的宇宙从最初的高温状态膨胀到现在，已经很冷了，根据计算，大爆炸后的残余辐射量很小，相应的温度大约是 6K。而彭齐亚斯和威尔逊等人的观测结果竟与理论预言的温度如此接近，正是对大爆炸宇宙论的一个非常有力的支持！这是继 1929 年哈勃发现星系谱线红移之后的又一重大的天文发现。

宇宙背景辐射的发现，为观测宇宙开辟了一个新领域，也为各种宇宙模型提供了一个新的观测约束，它因此被列为

20 世纪 60 年代天文学四大发现之一。彭齐亚斯和威尔逊于 1978 年获得了诺贝尔物理学奖。瑞典科学院在颁奖决定中指出：这一发现，使我们能够获得很久以前宇宙创生时期所发生的宇宙过程的信息。

关键词：宇宙背景辐射　大爆炸宇宙论

为什么天文台的观测室
大多是圆顶结构

一般房屋的屋顶，不是平的就是斜坡形的，唯独天文台的屋顶与众不同，远远看去，银白色的圆形屋顶好像一个大馒头，在阳光照耀之下，闪闪发光。

为什么天文台要造成圆顶结构呢？难道是为了好看吗？不，天文台的圆顶完全不是为了好看，而是有它特殊的用途。

我们看到的这些银白色的圆顶房屋，实际上是天文台的观测室，它的屋顶呈半圆球形。

走近一看，半圆球上却有一条宽宽的裂缝，从屋顶的最高处一直裂开到屋檐的地方。再走进屋子里一看，嘿！哪里是什么裂缝，原来是一个巨大的天窗，庞大的天文望远镜就通过这个天窗指向辽阔的太空。

将天文台观测室设计成半圆球形，是为了便于观测。在天文台里，人们是通过天文望远镜来观测太空，天文望远镜往往做得非常庞大，不能随便移动。而天文望远镜观测的目标，又分布在天空的各个方向。如果采用普通的屋顶，就很难使望远镜随意指向任何方向上的目标。天文台的屋顶造成圆球形，并且在圆顶和墙壁的接合部装置了由计算机控制的机械旋转系统，使观测研究十分方便。这样，用天文望远镜进行观测时，只要转动圆形屋顶，把天窗转到要观测的方向，望远镜也随之转到同一方向，再上下调整天文望远镜的镜头，就可以使望远镜指向天空中的任何目标了。

在不用的时候，只要把圆顶上的天窗关起来，就可以保护天文望远镜不受风雨的侵袭。

当然，并不是所有的天文台的观测室都要做成圆形屋顶，有些天文观测只要对准南北方向进行，观测室就可以造成长方形或方形的，在屋顶中央开一条长条形天窗，天文望远镜就可以进行工作了。

关键词：**天文台　天文观测　天文望远镜**

为什么天文台大多设在山上

天文台主要是进行天文观测和研究的机构，世界各国天文台大多设在山上。

我国的天文台也大多设在山上。如紫金山天文台，它就设立在南京城外东北的紫金山上，海拔 267 米。北京天文台设有 5 个观测站，其中兴隆观测站海拔约 940 米，密云观测站海拔约 150 米。上海天文台在佘山的工作站，海拔也有 98 米。云南天文台在昆明市的东郊，海拔为 2020 米。

　　天文台的主要工作是用天文望远镜观测星星。天文台设在山上，是因为山上离星星近一点吗？

　　不是的。

　　星星离开我们都非常遥远。一般恒星离我们都在几十万亿千米以外，离我们最近的天体——月亮，距离地球也有38万多千米。地球上的高山一般只有几千米高，缩短这么一小段距离，显然是微不足道的。

　　地球被一层大气包围着，星光要通过大气才能到达天文望远镜。大气中的烟雾、尘埃以及水蒸气的波动等，对天文观测都有影响。尤其在大城市附近，夜晚城市灯光照亮了空气中的这些微粒，使天空带有亮光，妨碍天文学家观测较暗的星星。在远离城市的地方，尘埃和烟雾较少，情况要好些，但是还不能避免这些影响。

　　越高的地方，空气越稀薄，烟雾、尘埃和水蒸气越少，影响

16

就越小，所以天文台大多设在山上。

现在，世界上公认的三个最佳天文台台址都设在高山之巅，这就是夏威夷莫纳凯亚山山顶，海拔4206米；智利安第斯山，海拔2500米山地；以及大西洋加那利群岛，2426米高的山顶。

关键词：天文台　天文观测

为什么在海底也能建造"天文台"

天文台一般都是建在观测条件较好的山顶上。为了彻底摆脱地球大气对天文观测的影响，天文学家还将天文台"搬"到了地球大气层之外的太空中。可是你有没有听说过，在地底下和海底也能建造天文台？

海底天文台的出现，为我们打开了探测宇宙的另一个窗口。

在宇宙空间，有一种奇特的基本粒子叫中微子。科学家从预言它的存在到真正捕获它，整整花了30年的时间。中微子是一种不带电的中性粒子，它的质量要比电子小得多，却具有极大的穿透力，可以穿透任何物质，甚至从地球的这一头穿到另一头。

天文学家非常看重这小小的中微子，那是因为它携带着来自宇宙天体的信息。可是，我们要在太空中或是地球表面的大气层中捕获它真是太难了。于是，科学家根据中微子的特点，将搜寻、观测中微子的装置移到了地底下和海底，利用地表的岩石和海水来阻隔来自宇宙的其他粒子，从而密切注视中微子，并设法捕获它。

目前，全世界已经建成和正在建造的地下或海底天文台，有日本东京大学宇宙射线研究所，建在歧阜县神冈矿山离地表约1000米的地下天文台；美国威斯康星州大学南极阿蒙森·斯克特考察站，建立在位于南极2000米深处冰层下面的"阿玛姆达"天文台；设在夏威夷的"特玛姆特"海底天文台；等等。

夏威夷的"特玛姆特"海底天文台位于海平面以下4800米深处，科学家利用清澈的海水作为汇集光源的装置。为了避免水波和发光鱼类的干扰，科学家动了不少脑筋，对装置作了技术处理，以保证观测效果。

经初步使用，这些地下和海底的天文观测装置，已经取得了令人鼓舞的观测效果。科学家宣称，用它们来观测和接受天体某种信息的本领，是地面天文台所望尘莫及的。比如同样是观测太阳，海底天文台观测到的是太阳核心部分瞬间发生变化的情况，这是任何一架地面望远镜所无法办到的。

☞ 关键词：天文观测　天文台　海底天文台
　　　　　中微子

为什么天文学家要给星星拍照

拍照可以给我们留下美好的回忆和永久的纪念。那么天文学家为什么要给天上的星星拍照呢？原来，有很多天文现象瞬息突变，像超新星能在几天之内光度突然增加到原来光度的千万倍以上，又如流星在天空中一划而过，几秒钟就又消逝;有些天文现象极其罕见，像日全食在一个地方平均要相隔200～300年才出现一次，而且一次最长不过几分钟时间，又如亮的彗星，要几十年甚至更长时间才碰上一次。这些天象如果不拍下照片，长期保存，单凭人们的印象和记录，就很少有科学价值。

天文现象的另一个特点是星光暗淡,在观测恒星光谱时,需将这点微弱的星光分散在一条谱带上,若要用眼睛直接看清每条谱线,是很困难的。如果通过天文望远镜拍下照片,星光虽弱,但底片感光有积累作用,加长曝光时间就可以弥补这一不足。给星星拍照还有一个好处,就是它能拍到紫外线和红外线部分,超出了肉眼的可见范围,这样就扩大了我们观测恒星光谱的范围。

再说天空中繁星点点,多得使人眼花缭乱,无法应付。因此,天文学家在绘星图、编星表时,用给星星拍照的方法,既客观又准确。若用目视方法测绘上千万颗星的位置,实在是难以想象。所以,给星星拍照是天文观测中不可少的,而且至今仍是重要的办法。近代天文学中的重要发现,可以说大部分都有照相术的功劳。

给星星拍照和我们一般拍照不大一样。一般在拍人、拍景时,"咔嚓"一声,一张照片就拍好,曝光时间很短,只有几百分之一秒或几十分之一秒。而给星星拍照则需几分钟乃至几小时,曝光时间长是天文照相的一个特点。其次,天文台大都使用玻璃底片——干片,因为天文台需要进行精密测量,比如测谱线的波长或测星星的相对位置,都要精确到万分之一毫米,使用玻璃底片就不会变形。

当今数字照相机正在崛起,大有取代用胶卷的普通照相机之势。原理与数字相机基本相同的天文观测设备,也正在逐步取代经典的天文照相术,但它们的工作目的还是一样的,只是"拍照"的效果更好。

☞ 关键词: **天文观测　照相**

为什么天文学家要用
望远镜观测星空

我们经常用"繁星点点"、"数不胜数"来形容天空中星星数量的繁多。其实,我们肉眼能够看见的星星并没有想象的那么多。天文学家已经详细计算过,全天空中,凭肉眼能看见的星星,总共只有 6974 颗。这只是宇宙中星的极少极少的一小部分。还有许许多多遥远的天体,它们射到地球的光线很弱,用肉眼是看不见的。虽然我们平时认为眼睛很灵敏,并且对位置的判断也相当准确,但对天文学家来说是远远不够的,眼睛常常会被错视现象所"欺骗"。因此,天文学家在研究宇宙时,需要借助仪器来获得天体的精确数据。

17 世纪初,光学天文望远镜的诞生,大大开阔了人们的眼界,为天文学带来了巨大的变革。由于人眼的瞳孔只有 2~8 毫米,而望远镜的口径比这大得多,因此,望远镜收集到的星光比人眼收集到的多得多。通过望远镜观测星空,遥远的天体变近了,变亮了。一台 10 米口径的光学望远镜,比我们肉眼接收到的星光要多上百万倍，由此可见望远镜的巨大威力。不仅如此，天文学家还在望远镜上连接了照相机、电子接收设备或光谱仪等，使得灵敏度有更大的提高，可以获得有关天体的更多的信息。

此外，天体辐射出来的电磁波包括无线电波、红外线、可见光、紫外线、X射线和γ射线。我们肉眼所能看到的只是其中可见光的部分，而天文学家需要观测天体辐射的全电磁波段来探索宇宙的秘密。因此，除了光学望远镜外，天文学家还要通过射电望远镜、红外望远镜、紫外望远镜、X射线和γ射线望远镜来观测宇宙中遥远的天体。所以，天文学家开展观测和研究工作是离不开望远镜的。

关键词：望远镜　天文观测

什么是射电望远镜

1931～1932年，美国无线电工程师央斯基，用短波接收机和有方向性的天线研究远距离通信时，发现了一种奇怪的干扰，这种干扰的强度在24小时中逐渐变化着。更奇怪的是，每当天线指向空间的一定方向时，干扰就变得最大。后来他们又发现这个方向正好是银河系中心的方向，在那里星星最密集。这是人类第一次收到来自天体的无线电波。

这次发现引起了人们极大的兴趣。随着无线电技术的发展，以后又发现了来自太阳、月亮、行星、星系等各类天体的无线电波。无线电技术的应用，给古老的天文学注入了新的血

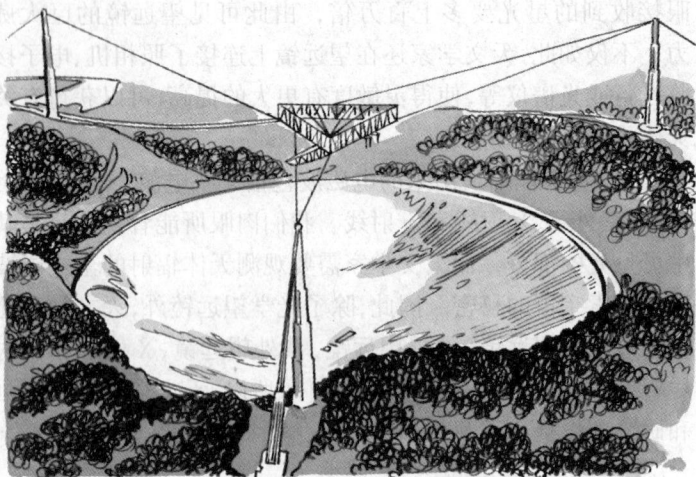

液,产生了天文学的一个新的分支——射电天文学。

　　利用光学望远镜,我们的眼睛只能看到可见光,却看不到无线电波。因此,射电天文学从它诞生时起,就是和能探测到无线电波的射电望远镜联系在一起的。

　　射电望远镜是由一个有方向性的天线和一台灵敏度很高的接收机组成的。天线所起的作用好像光学天文望远镜的透镜或反射镜,它把天体发出的无线电波会聚起来。接收机的作用就像我们的眼睛或照相底片,它把天线所收集起来的无线电波经过变换、放大后记录下来。

现在，世界上最大的光学望远镜是口径为 10 米的反射望远镜，利用它可以看到距离我们大约 100 多亿光年的天体。

射电望远镜受地球大气的影响较小，可以不分昼夜地进行观测。现代的技术使我们能制造直径比光学望远镜大得多的天线。目前，世界上最大的全可动射电望远镜的天线直径达 100 米，是世界上最大的光学望远镜口径的 10 倍。利用射电望远镜能使我们观测离我们百亿光年以外的天体。

有许多天体发射无线电波的能力，比发射光波的能力大得多。例如有名的"天鹅座 A"射电源，它发射无线电波的能力要比太阳强 100 亿亿倍。因此不少遥远的用光学望远镜无法看到的天体，有可能被射电望远镜发现。

另外，在宇宙空间有不少的尘埃云，它们使遥远的天体所发出的光线大大减弱。而天体所发出的无线电波，由于它的波长比光波长得多，受这些尘埃物质的影响也就小得多。

由于这些原因，就使得射电望远镜能充分发挥它强大的威力，使我们能利用它发现更遥远、更暗弱的天体，探索宇宙深处的奥秘。

关键词：射电天文学　射电望远镜

为什么望远镜越做越大

只要使用一台普通的天文望远镜观测浩瀚的星空，你就会发现，宇宙原来是那么色彩斑斓，充满着梦幻般的无穷变化。你不仅可以看到月球上的环形山，还可以看到土星亮丽的光环……如果使用更大的望远镜，你将会看到银河系内外遥远的多彩星云和星系。古人道："欲穷千里目，更上一层楼。"对天文学家来说，想要探索遥远的天体，使用尽可能大的天文望远镜是必不可少的。

望远镜的大小通常是指它的通光口径，也就是物镜的直径大小。口径越大，收集天体辐射就越多，聚光本领就越强。因

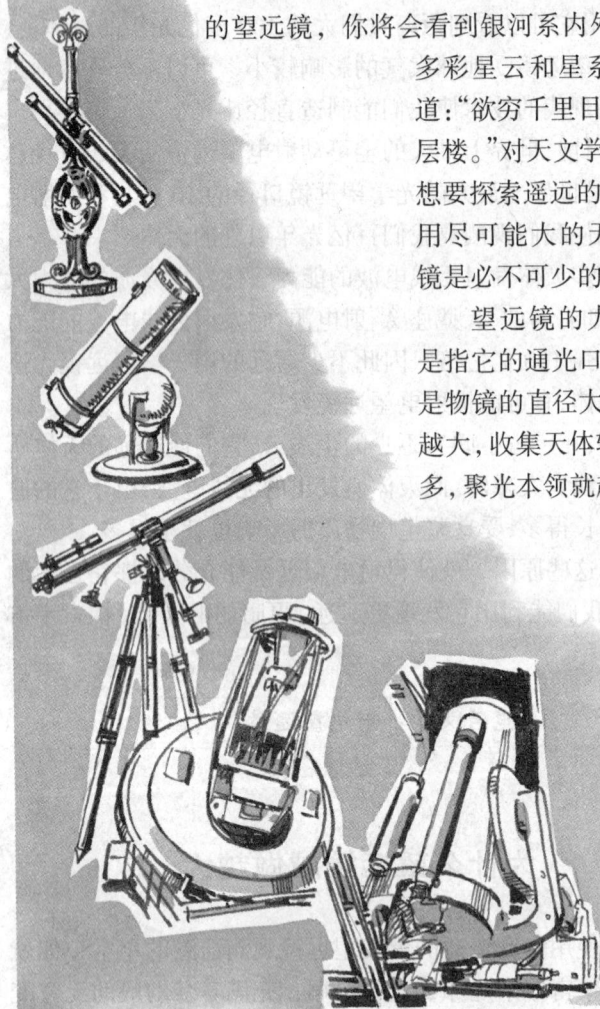

24

此，口径大的望远镜能观测到更远、更暗的天体，它反映了望远镜观测天体的能力。另一方面，望远镜的分辨本领是由望远镜的角分辨的倒数来衡量的，角分辨是指望远镜刚刚能分开两个天体(或一个天体的两部分)像的张角。高分辨本领是望远镜最重要的性能指标之一。在良好的天文台址的条件下，口径越大，望远镜的分辨率越高，能观测到的天体就越多。这就是为什么天文学家要不遗余力地建造越来越大的望远镜。

1609 年，伽利略首次将口径仅为 4.4 厘米的望远镜指向了茫茫的星空，并发现了木星的四颗卫星，看清了银河是由无数的恒星组成的。从此，天文望远镜得到了迅猛的发展。从第一台望远镜诞生到现在 300 多年间，光学望远镜的口径已从当初的几厘米发展到现在的 10 米。此外，射电望远镜、红外望远镜、紫外望远镜、X 射线和 γ 射线望远镜都成为望远镜家族的重要成员，而且，这些望远镜也越做越大。望远镜作为天文学家的"千里眼"，使天文学家们获得了一批又一批宝贵的观测资料，使人们能不断深入地探索宇宙的奥秘。

关键词：望远镜

什么是宇宙射电

一提到射电，人们总觉得它是一个深奥、抽象的科学名词。其实，它就是我们日常生活中常接触到的无线电波。我们知道，电台、电视台、通信发射台等都是通过发射无线电波来传播信号。宇宙射电，顾名思义就是从宇宙中的天体上发射出的无线电波。

　　在 20 世纪初，就有人预言可能接收到天体发射的无线电波，但由于技术上的限制，直到 1931 年，美国一位无线电工程师央斯基，在研究无线电波对远距离通信的干扰时，发现了来自银河系中心的无线电波，人们才对天体发射的无线电波注意起来了。第二次世界大战后，这一专门研究来自宇宙无线电波的天文学分支——射电天文学，一日千里地发展了起来，并取得了辉煌的成就。20 世纪 60 年代天文学的四大发现：类星体、脉冲星、复杂的星际分子和宇宙背景辐射，都是射电天文观测的贡献。

　　无线电波具有一些光波没有的特点，这在探索宇宙奥秘中有特殊的用处。一是它的波长比可见光要长 100 万倍左右，因而一些宇宙尘埃对光波说来，是个庞然大物，可以将光波挡住，而对无线电波来说，却不算太大，无线电波可以轻而易举地绕过这些宇宙尘埃继续传播。无线电波的另一个特点是，任何物体不管它的温度多低，只要在绝对零度（-273℃）以上就能发射无线电波。而物体要能发出光波，则必须达到很高的温度，如果物体的温度低于 2000℃ 就"看不见"了。在广阔的宇宙空间，有许多温度很低的物体，我们虽然看不见它们，但它们都能发射无线电波，我们就可以通过收集、观测这些无线电波来研究它们。此外，很多天体上由于发生一些特殊的天体现象，能发射大量的无线电波，有的"射电星系"能发射比我们的银河系强 1000 万倍的无线电波，使我们能在远离 100 亿光年的距离上发现它，而用目前最大的光学望远镜，无论如何是找不到它的。

　　我们喜欢把光学望远镜比作天文学家的"千里眼"，那么射电望远镜就可比作天文学家的"顺风耳"。它能"听"到宇宙中无数无线电台——射电源发出的"广播"，现在已经找到几万个这种"电台"，其中大部分还不知道它是什么。被认出来的有超新星的残骸、银河系中的星云、一些特殊形状的河外星系、快速旋转的中子星、活动星系核……目前，天文学家有了射电望远镜作为"顺风耳"，已经能"听"到100亿光年甚至更远处宇宙间的"窃窃私语"，这些无线电波都是天体在100亿多年前发出来的。这就是说，我们观测的天体越远，就越可能看到宇宙更早的面貌。

此外，人类在寻找地球以外的生命时，也利用射电望远镜向太空发出一些有规律的无线电波，希望宇宙中的其他智慧生物能接收到它们。同时，我们也在认真地搜寻来自宇宙的射电波，希望能"听"到地球以外智慧生物的"声音"。

☞ 关键词：无线电波　宇宙射电　射电天文学
　　　　　射电望远镜　射电源

什么是宇宙线

大自然向我们展示了五光十色的复杂景象，各式各样从空间深处投向地球来的射线，给我们带来了探索宇宙奥秘的钥匙。宇宙线与从天体传来的可见光线不同，是一种人眼看不见的射线。

在进入地球大气层以前，这些宇宙线称为原始宇宙线。它们是由各种元素的原子核构成的粒子流，其中主要是氢原子核，约占87%；其次是氦原子核，约占12%；此外，还有氧、氮、铁、钴、镍、碳、锂、钡、硼等元素的原子核；甚至还有人探测到含量极少的铀原子核。

原始宇宙线粒子，它的能量平均比光子大得多，它的速度和光的速度相接近。它们从四面八方闯到地球上来，在地球大气边缘每平方厘米的面积上，每秒钟大约穿过1个原始宇宙线粒子。

原始宇宙线粒子闯进地球大气以后，与空气分子中的原子核相碰撞，产生电子、正电子、光子、介子和超子等基本粒子，失去了很多能量，这就变成为次级宇宙线。

现在，大多数科学家都认为，原始宇宙线是在我们银河系里形成的。具有强大磁场并快速自转的中子星和磁变星，以及超新星的爆发，都可能是

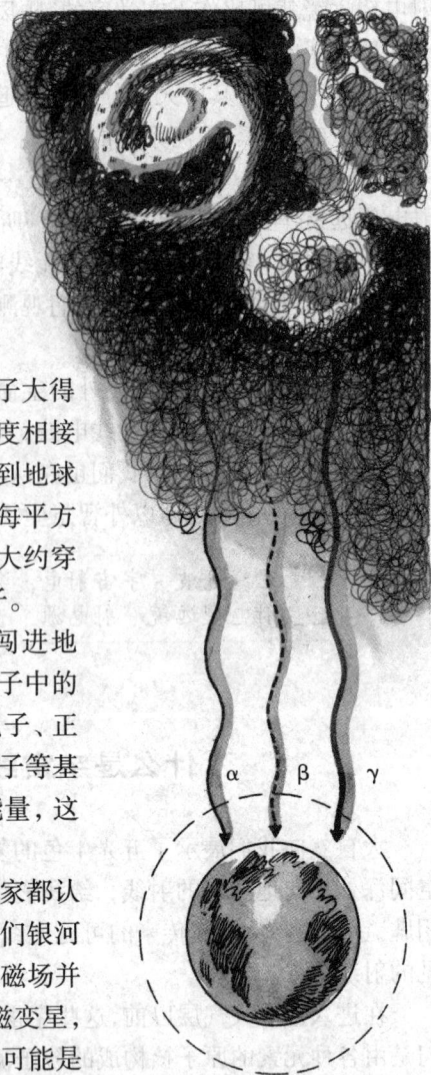

产生原始宇宙线粒子的源泉。

　　原始宇宙线粒子在漫长的时间过程中,在银河系里游荡,在星际磁场和恒星磁场中被加速而取得了巨大的能量,沿着十分曲折迂回的路线,在银河系里积聚起来,遍布在银河系的各个角落。

　　研究宇宙线,不仅和星际磁场以及恒星的变化发展研究密切相关,并且宇宙线也是最强大的天然高能基本粒子源,对于原子核物理研究也十分重要。正电子和介子等基本粒子,就是在研究次级宇宙线时才第一次发现的。现已查明,太阳有时会发出低能宇宙线,科学家研究这种射线对有机生命的作用,以估计它在航天飞行中对人的影响。

　　另外,由于高能辐射线能使生物遗传基因发生改变或受到破坏,引起生物变异。因此,宇宙线对地球上的生物演化和生态平衡,具有重大作用。甚至有人提出一个大胆有趣的猜想,认为地球上恐龙的灭绝,可能会与超新星爆发引起的宇宙线突然增强所造成的影响有关。

　　因此,宇宙线的探测和研究,对于天文学、物理学以及生物学等领域,都具有非常重要的意义。

☞关键词: 宇宙线

什么叫全波天文学

　　望远镜从发明到现在,还不到 4 个世纪。今天,光学望远镜口径之大,威力之强,是当初的望远镜所不能相比的。

尽管如此,光学望远镜的主要任务,仍是把天体射到地球上来的可见光收集起来,作为进一步研究它的形态、运动、结构以及物理状态、化学组成等的资料。

可见光的波长在 400～700 纳米（1 纳米 = 10^{-9} 米）之间。如果把地球周围的大气比作是一堵墙,可见光就是它上面的一条很窄很窄的"窗缝"。可别小看这条"窗缝",300 多年来,光学天文学的发展和取得的一批又一批成果,都是通过这条"窗缝"观测得来的。

可见光是电磁波的一种。电磁波家族中有好些成员,依照波长的长短排列起来,那就是：

无线电波(或射电波)	波长约 30 米～1 毫米
红外线	波长 1 毫米～700 纳米
可见光	波长 700～400 纳米
紫外线	波长 400～10 纳米
X 射线	波长 10～0.001 纳米
γ 射线	波长小于 0.001 纳米

天体几乎都有这些电磁射辐,只是强弱程度不同罢了。为什么地面上接收不到它们呢? 主要原因是被大气这堵"墙"给"挡驾"了。我们能够观测到的,大体上在 300～1000 纳米的范围内,仅此而已。

20 世纪 30 年代开始,科学家发现大气"墙"上还有另外一个"窗口"——射电窗口。从那时起,射电天文学很快发展起来了,它所描绘的自然是天体的射电图像。

40 年代以后,由火箭携带仪器在数 10 千米以上的高空,拍得了太阳的紫外线光谱,发现了它的 X 射线辐射等。

1957 年 10 月 4 日,第一颗人造地球卫星发射成功,为空间天文观测开辟了新纪元。随着人造卫星、宇宙飞船、天空实验室等发射成功，无异是在地球大气"墙"之外建立了一个个轨道天文台，它们不仅可以进行光学和射电观测，还能观测到天体的紫外线、X 射线、γ 射线辐射，促使紫外天文学、X 射线天文学，γ 射线天文学相继诞生和迅速发展。红外天文学于 19 世纪 40 年代出现，而后一直处于停滞状态，直至 20 世纪 60 年代才获得新生。

现在，天文学已经从只能观测可见光，发展到了可观测全部电磁辐射的全波天文学时代。

关键词：电磁波　全波天文学

为什么天文学上要用光年来计算距离

我们日常生活中，一般都用厘米、米、千米来作为计算长度的单位。比如，一块玻璃厚度是 1 厘米，一个人的身高为 1.8 米，两个城市之间的距离有 1000 千米，等等。我们可以看出，在表示较小距离时，一般用小一点的单位；在表示较大距离时，一般用大一点的单位。

天文学上也有用千米作单位的。例如，我们经常说，地球的赤道半径是 6378 千米，月亮的直径是 3476 千米，月亮离地球是 38 万千米，等等。但是，如果拿千米来表示恒星与恒星之间距离的话，这个单位就显得太小太小了，使用起来很不方便。如离我们最近的恒星——比邻星，与我们相距就有

40000000000000 千米左右。你看，写起来多麻烦，读也不好读，何况这还是离我们最近的一颗恒星呢！其他的恒星离我们还要远得多啦！

人们发现光的速度最快，1 秒钟可以走 30 万千米（精确数是 299792.458 千米），光在 1 年里差不多走 10 万亿千米，说得精确些，就是 94605 亿千米。能不能用光在 1 年里所走的路程——光年，来作为计算天体之间距离的单位呢？这倒是个不错的主意。现在，天文学家就是用光年来计算天体之间距离的，光年已经成为天文学上的一个基本单位。

如果用光年来表示比邻星离我们的距离，就是 4.22 光年。再如，牛郎星离我们是 16 光年，织女星是 26.3 光年，银河系以外的仙女座星系离我们约 220 万光年，目前已观测到的离我们最远的天体距离在 100 亿光年以上，银河系的直径是10 万光年，等等。这些都是很难用千米来表示的。

天文学上还有别的计算距离的单位。有的比光年小，如天文单位，1 天文单位就是地球到太阳的平均距离（14960 万千米），主要用于计量太阳系范围内天体间的距离；也有比光年大的，如秒差距（1 秒差距相当 3.26 光年）、千秒差距、兆秒差距等。

关键词：光年　天文单位　秒差距

白天星星躲到哪里去了

提起星星，人们总会联想到黑夜，仿佛星星只是在黑夜里才有。那么,白天星星躲到哪里去了呢?

其实,天上的星星一年到头、一天到晚都在天空中闪烁,只是白天我们看不见它们罢了。这是因为到了白天,太阳出来了,太阳中一部分光线被地球大气所散射,把天空照得十分明亮,使我们看不出星星微弱的光来了。如果没有大气,天空是黑洞洞的,即使太阳光再强烈,也能看见星星。月亮上的情况正是这样。

实际上,通过天文望远镜,我们也可以在白天观看星星。这里面有两个原因:第一,天文望远镜的筒壁,把大部分散射在大气里的阳光挡住了,就像是人工造成了一个"小黑夜";第二,望远镜的光学性能使得天空的背景黯淡下去,而恒星的光点反而加强了。这样,星星又显露了它们的本来面目。

用天文望远镜在白天观看星星,与黑夜里看星星相比,终究有些美中不足,亮度不高的星星也不容易看到。但是,这毕竟证明了星星在白天也是可以看得到的。

关键词:星 地球大气

为什么夏天晚上看到的星星比冬天的多

在晴朗的夏夜,我们一抬头,就看到天空繁星密布,总是比冬天晚上的星星多一些。这是什么道理呢?这和我们的银河系有关,因为我们所看到的星星,差不多都是银河系里的星星。

整个银河系至少有 1000 亿颗恒星，它们大致分布在一个圆饼状的天空范围里，这个"圆饼"的中央比周围厚一些。光线从"圆饼"的一端跑到另一端要 10 万年。

我们的太阳系是银河系里的一员，太阳系所处的位置并不在银河系的中心，而是在距银河系中心约 2.5 万光年的地方。当我们向银河系中心方向看时，可以看到银河系恒星密集的中心部分和大部分银河系，因此看到的星星就多；向相反的方向看时，看到的只是银河系的边缘部分，看到的星星就少得多。

地球不停地绕太阳转动，北半球夏季时，地球转到太阳和银河系中心之间，银河系的主要部分——银河带，正好是夜晚出现在我们头顶上的天空；在其他季节里，这段恒星最多最密集的部分，有的是在白天出现，有的是在清晨出现，有的是在黄昏出现，有时它不在天空中央，而是在靠近地平线的地方，这样就不容易看到它。

所以，在夏天晚上我们看到的星星比冬天晚上看到的要多一些。

☞ 关键词： 星　银河系

为什么星星会眨眼

夏天的晚上，繁星满天，抬头仰望天空，星星都在眨眼哩。其实，星星根本没有眼睛，它们哪里会眨眼呢？那么大概是我们自己眨了眼，错把星星当成在眨眼了？不是，因为即使你

瞪着眼睛瞧，仍然会发现星星的光亮忽闪忽闪地动。这是什么缘故呢？

这是大气在变戏法。

我们知道，大气不是静止不动的，空气热了会上升，冷了又会下降，还有风在吹来吹去。如果能够给空气的分子着上一些颜色，你就能看到五彩缤纷的空气正在上下翻腾。

星光在来到我们的眼睛以前，必须经过地球的好几层大气，大气既是动荡不定的，各层大气的温度、密度又各不相同，

这样一来,光线的折射程度也各不相同。星光来到这里时,就会经过许多次的折射,时而会聚,时而又分散。正是这层动荡不定的大气,挡在我们面前,使得我们在看星星的时候,总觉得星星在闪烁,就像眨眼睛。

关键词: 星　地球大气

为什么天空中的北极星好像是不动的

喜欢观察天空的人都知道天上有一颗大名鼎鼎的北极星。一旦找到了北极星,东南西北的方向就清楚了,因为北极星所在的方向就是北方。

北极星有一个有趣的特点。我们每晚看星,会发现星星都在东升西落,而北极星却像一位大元帅,稳坐中军帐,几乎一动不动。再仔细观察,还会发现群星好像都在围着北极星转圈圈,这是怎么回事呢?

原来,星星的东升西落是我们地球自转造成的一种现象。地球一刻不停地绕着一根假想的自转轴自西向东旋转,自转造成了昼夜的交替,也造成了群星的东升西落。如果把这根假想的自转轴向两边无限延伸,那么它就会与我们头顶上的天球交于两点,在地球北极上方的一点叫做北天极,对应的方向就是正北方;而在地球南极上方的一点就叫南天极,对应的就是正南方。北极星就在离北天极不到1°的地方,面向这颗星的方向当然就是北方了。群星的东升西落是地球自转造成的,而北天极就是地球自转轴的方向,所以,看上去群星是围绕北天极旋转。北极星恰好在北天极附近,粗看起来,就像是北极星一动不动,群星在绕着北极星旋转了。其实,北极星并不等于北天极,北极星实际上也在沿着一个很小的圆圈绕北天极旋转,只是这个圆圈太小,肉眼通常是看不出来的,于是给我们的感觉就是北极星好像在天空中总是一动不动的。

在北半球,北极星是夜间指示方向的最好工具。

关键词: 北极星　地球自转　北天极　南天极

怎样正确看星图识星星

将天体的球面视位置投影于平面,表示它们的位置、高度和形态而绘制的图,称为星图,它是天文观测的基本工具之一。星图上一般有坐标,大多数星图用赤经、赤纬来表示星星的位置。星星的亮度是用星等来表示的。很早以前,人们就把肉眼可以看见的几千颗星分为六个等级,最亮的叫 1 等星,大约有 20 颗,其次是 2 等星,再暗的是 3 等、4 等、5 等星,肉眼勉强能看见的叫 6 等星。星等每相差一等,亮度就相差大约 2.5 倍,1 等星比 6 等星亮 100 倍。

认星并不难,但不要贪多贪快,每次可以少认一些,但认识了就要记牢它,下一次看见它,要能叫出它们的名字。星图中的方向,是北在上、南在下、东在左、西在右,如方向搞错了,看了星图还是找不到星星的。古人为了辨认方向,把天上的星星分为一群一群的,并且用想象中的线条,把每一群的星星连接起来,叫做星座。全天共分为 88 个星座,每个星座都有一定的形状，并给它们起了名字，例如"大熊座"、"小熊座"、"猎户座"、"牧夫座"、"仙王座"、"仙女座"等等。看见这些美丽的名字，会使我们产生无穷的遐想，希望能很快利用星图来认识它们。

比如在3月份的半夜前后观察星空，就会发现在你头顶上有7颗明亮的星星，形状像个大水勺，它的斗柄的弧线指

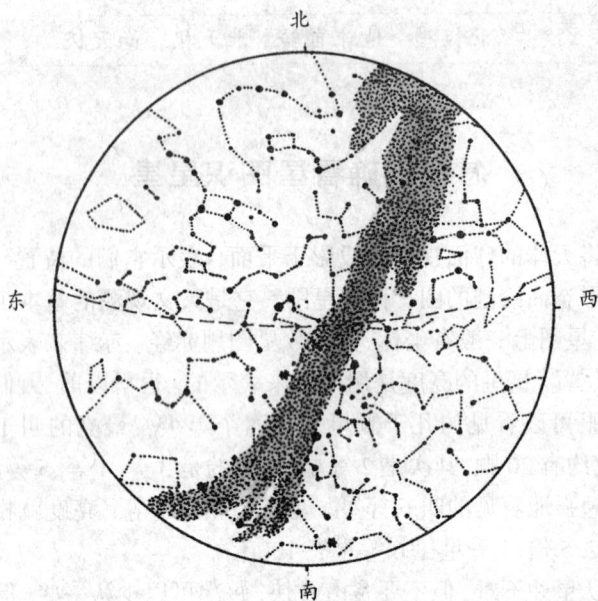

向东南方,我们称它们为北斗七星,根据星图,你很容易就能在天空中辨认出它们。北斗七星是大熊座中的主星,辨认出了北斗七星,你就认识了一群星。顺着北斗七星的斗柄弧线向东南方向弯过去,从斗柄上最后一颗星开始,大约有一个北斗七星那么长的距离处,就会遇到一颗非常亮的橙红色的星星,它就是牧夫座的大角星。再沿着这个方向继续往南找,在离大角星大约又有北斗七星那么长的距离处,有一颗蓝白色的星星,它就是仙女座中最亮的一颗星,叫做角宿一。同样的一群星,如果你在3月1日凌晨1点前后看见它们,每隔半个月,它们会提前1小时出现在天空中的同一位置。也就是说,到了4月1日晚上11点前后,你就可以看见它们了。

这样按照星图,首先选出几颗亮星,照图上星星所组成的有特征的形状,一一予以辨认,就不难达到看星图认星星的目的了。

☞ 关键词: 星图 星等 星座

怎样寻找北极星

北极星是鼎鼎大名的一颗星,大家都想认识它。找到了北极星,也就找到了正北方向,这不仅对航空、航海、测量、地质勘探等经常在野外工作的人有用,对我们来说,也是生活中不可缺少的知识。

面对着北面天空,可以看到两个著名的星座:大熊座和仙后座。这两个星座都很容易辨认。大熊座有7颗主要亮星:天枢、天璇、天玑、天权、玉衡、开阳、摇光，它们组成勺子的样子，有人叫它勺子星，一般叫做北斗七星；仙后座的 5 颗主要亮星组成拼音字母 W 的样子。这两个星座，可以帮助我们找到北极星。

大熊座和仙后座在天空中的位置，刚好隔着北极星遥遥相对。对于我们居住在北半球中纬度地区的人来说，到了春天，天黑后不久，北斗七星在东北方向，仙后座在西北方向；5～6 月间，天黑后不久，北斗七星出现在头顶附近，仙后座则在正北地平线附近。在别的月份，当仙后座在东北方向和头顶附近时，就轮到北斗七星在西北和正北地平线附近了。

在我国黄河流域以北的地区，一年四季都可以看到这两个星座同时出现在天空中。在长江流域以南的地区，有时只能看到其中的一个，一个星座在头顶附近时，另外的一个正处

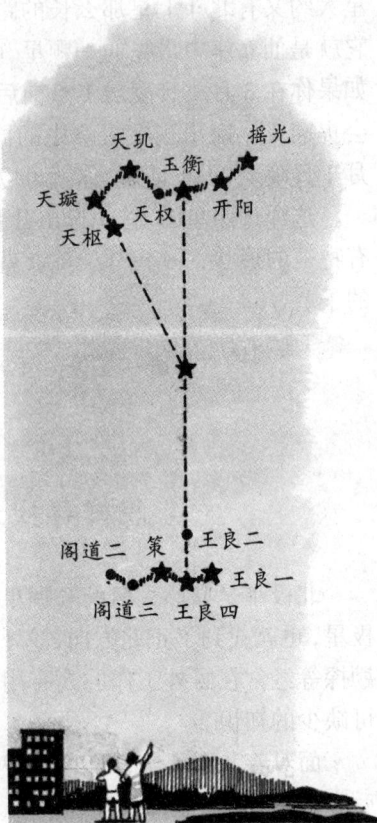

40

在北方地平线以下，就看不见了。

如何利用大熊座来寻找北极星呢？先找到北斗七星斗勺最外边的两颗星——天枢和天璇，用假想的线把它们连起来，并由天璇朝着天枢的方向延长约 5 倍远的地方，就能碰到一颗亮星，这就是北极星。那部分天空，只有北极星这么一颗比较亮的星，所以很容易找到。

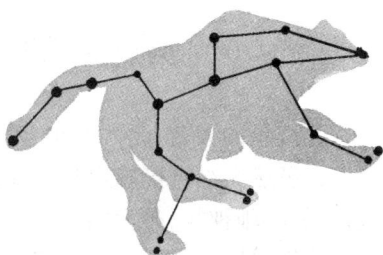

仙后座的 5 颗主要亮星中，有 3 颗比较亮，顺着这 3 颗的中间一颗和它前面的一颗小星，向前延长 3 倍多的距离，便是北极星的位置。

大熊座

找到了北极星，也就找到了正北方，其他方向也可以很容易确定了。面对着北方，背后是南，右边是东，左边是西。北极星在地平线上的高度，近似于当地的地理纬度，因此，知道了某地北极星的高度，就可以大致知道这地方的地理纬度。

仙后座

关键词：北极星　北斗七星　仙后座　大熊座

41

为什么没有南极星

北极星的大名,无人不知,无人不晓。即使是住在南半球的人,虽然无缘直接看到北极星,但对小熊星座的这颗2等星,也是心驰神往,颇为熟悉。

北极星即"小熊α"星,由于它离北天极很近,自然被看作北天极的标志,而享有盛名。在北半球的人,只要找到了北极星,就找到了正北方向。南天极附近也有类似的这么一颗南极星吗?

南天极位于南极星座内。南极星座是个很暗的星座,多数是肉眼刚能看到的6等星。有一颗"南极σ"星,按常理来说,它完全有可能赢得南极星的光荣称号,因为它离南天极的距离,与"小熊α"星离北天极的距离基本相当,都不足1°。可惜的是"南极σ"星很暗,亮度只有5.48星等,视力极佳的人也必须定睛细看,仔细辨认,才能把它找到。稍稍有点薄云和月亮,它就隐匿不见。这样的一颗星,尽管其实际光度是太阳的7倍,却因其与我们有着120光年的距离,才使它的亮度如此暗淡,而不足以被尊称为南极星。

南极星座里有没有别的亮些的星可以被称为南极星呢?最亮的"南极ν"星是3.74星等,这样的亮度与北极星的1.99星等比起来要逊色许多,更遗憾的是它离南天极足足有12.5°,这就很难起到为人们指示南天极准确位置的作用。

看来,目前还没有南极星的合格候选者,只能虚位以待。有朝一日,全天第二亮星——"船底座α"星即老人星,由于岁差现象而逐渐靠近南天极的时候,人们自然会很高兴地给它戴上"南极星"的桂冠。

☞ 关键词：北极星　南极星座　北天极
　　　　　南天极　老人星

为什么我们看不到南天
的一些星座

著名的"1987A"是好几百年以来最亮的一颗超新星，单凭肉眼就可以看到它。遗憾的是，我们北半球的绝大多数人根本看不见它，只有居住在南半球的人可以一饱眼福。因为，这颗超新星位于南天的大麦哲伦星云中。反过来也一样，我们北半球终年可见的蔚为壮观的北斗七星，在南半球多数地方却较难一睹它的芳容。

为什么不同纬度地区看见的星空不一样呢？

地球不停地绕着一根假想的自转轴旋转，自转轴的北端总是指向北天极。在地球北极，北天极正好在头顶上，北斗七星也高挂在头顶附近上空。天空中所有的恒星都既不升起也不落下，而是始终保持高度不变地沿着逆时针方向旋转。也就是说，在这儿只能看见北天的星，南天的星是一颗也看不见的。在地球南极所见的星空转动情况与北极相同，只不过在那儿看见的星都是南天的星，北天的星一颗也看不见。

在地球赤道附近所见的星空与南北两极截然不同。在这儿，北斗七星显得十分逊色，它们总在北方地平线附近打转转。天空中所有的星星都是直升直落，沿着与地平线垂直的方向从东方升起,到达最高点后又与地平线垂直向西方落下。在这儿,既能看见北天的星,也能看见南天的星。

在地球两极和赤道之间,情况与地球两极和赤道地区就都不相同了。以北京为例,北京的地理纬度大约是北纬40°,在北京看星空,北天极在星空中的高度大约也是40°。换句话说,离北天极40°范围以内的星,不论它转到了北天极的什么方向,永远也不会落到地平线以下。这就是对于北京来说的恒显圈,它的半径在数值上与北京的纬度值相等。既然有恒显圈,就应该有恒隐圈,它的半径也是40°。也就是说,在南天极周围40°范围以内的所有恒星,永远也不会升起到北京的地平线上面来,这些星在北京是永远也看不见的。

在北半球的所有地方,基本情况是一样的,只是随着纬度的不同,恒显圈和恒隐圈的大小也有所不同。反正,总是有一部分或多或少的恒星是看不见的。

所以,对于我们居住在北半球的人来说,总是有一部分南天的星座是看不见的。南半球的居民也无法看到北天的一部分星座。

关键词: 北半球　南半球　星座
恒显圈　恒隐圈

天空中的星座是怎样划分的

恒星离我们都很远,远到我们无法分辨清楚哪些稍近些,哪些更远些,我们看到的只是它们在天球上的投影。

大约在三四千年前，古代的巴比伦人已经把天空中较亮的星星组成了各种有趣的形状，称为星座。巴比伦人创立了48个星座。后来，希腊天文学家给它们取了名字，有的星座像某种动物，就用动物名作为星座的名字，有的星座是以希腊神话里的人物名字来命名的。

我国在周代以前就已经开始给天空中的星星取名字了，并把天空划分为星宿，后来演变为三垣二十八宿。三垣都在北极星周围，二十八宿位于月亮和太阳所经过的天空部分。

到了公元2世纪，北天的星座划分已经大致同今天的一样了。但是南天的几十个星座，基本上是17世纪以后才逐渐定出来的，因为世界上文化发达较早的国家都在北半球，对于这些国家来说，南天的许多星座都是终年看不见的。

现在，国际通用的星座共88个，是1928年国际天文学联合会重新划分和决定的。其中29个在天球赤道以北，46个在天球赤道以南，跨在天球赤道上的有13个。

88个星座的名字，大约一半以动物命名，如大熊座、狮子座、天蝎座、天鹅座等；四分之一以希腊神话中的人物名字命名，如仙后座、仙女座、英仙座等；其余四分之一以用具或仪器命名，如显微镜座、望远镜座、时钟座、绘架座等。虽然古人划分星座的办法不科学，但星座的名称仍沿用到今天。我国古代划分的星座系统虽已不再使用，但仍然保留着一些古老的恒星名称。

关键词： **星座 三垣二十八宿**

为什么天空中星座的位置
会随时间而变化

　　晴朗无月的夜晚，站在空旷的地方，你就会看见繁星闪烁在深黑的天空里。如果你不断地观看天象，就会发现星星从东方升起，慢慢地掠过天空，再落于西方，正和我们每天所看见的太阳的东升西落一样。其实，这也是由于地球自西向东自转的结果。

　　我们除了看到星星每天围绕地球自东向西运动之外，每一颗星从地平线升起的时间，每天比前一天提早约 4 分钟，因而，一年内每夜同一时刻，所看见的星星并不相同，星座的位置在渐渐向西边移过去。例如我们所熟悉的猎户星座，12 月初，黄昏时分才从东方升起；过了 3 个月，黄昏刚刚降临，猎户座已闪烁在南方的天空中；可是到了春季快结束时，黄昏时它已经随着太阳同时西落了。

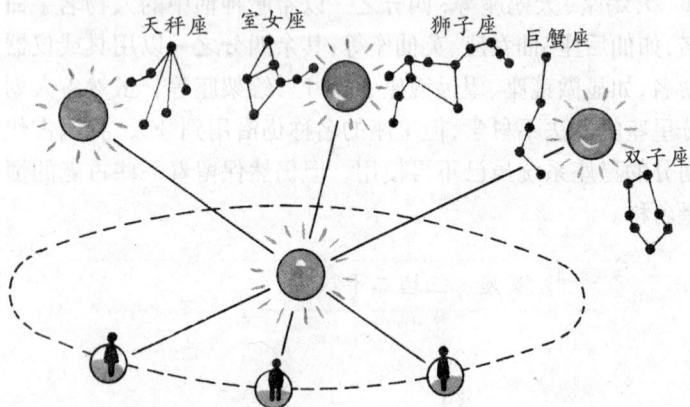

天秤座　　室女座　　　　　　狮子座　　巨蟹座

双子座

随季节的进展，星座向西的缓慢运动，是由于地球绕太阳公转的结果。如果我们在白天里也可以看见星星，那么我们就会看见太阳在星座间向东移动，每一天太阳大约向东移动1°，相当于太阳直径两倍那样的距离。这样，一年内它在天球上作了一个所谓"周年视运动"。

总的来说，星星有两种运动现象：一种是由地球自转引起的周日视运动，造成每天夜里星星东升西落的现象；另一种是由地球公转引起的周年视运动，使星座随季节变化出没，隐显时间也发生相应变化。两者不可混为一谈。

关键词：星座　周日视运动　周年视运动

怎样在夜空中寻找行星

在太阳系大家庭中，除太阳以外，行星是最重要的组成成员。太阳系的九大行星按距离太阳由近及远，依次为：水星、金星、地球、火星、木星、土星、天王星、海王星和冥王星。

由于行星围绕着太阳运动，它们在天空中的相对位置，短期内就会有明显的变化，从地球上看来，它们好像在星空中"游荡行走"，因而得名叫"行星"。天王星、海王星和冥王星离我们地球实在太远，不用天文望远镜用肉眼是看不到的。平时，我们在夜空中用肉眼只能观测到其余较近的五颗行星。

那么怎样才能从满天的繁星中寻觅到行星的"倩影"呢？

首先，这几颗行星都比较明亮，全天最亮的恒星是天狼星，但金星、木星和火星在最亮时要比天狼星还要亮。土星虽然略为暗一些,仍可跻身于夜空中前十几位亮星之列。另外,火星是颗红色的行星,金星和木星都略带黄色,这些特征可以帮助我们寻找行星。

用肉眼观察,行星与恒星还有一个重要的区别:恒星会一闪一闪地"眨眼",而行星不会"眨眼"。恒星离地球十分遥远,从地球上看,它们只是一些微小的光点,星光进入地球大气层后,由于大气波动的干扰,我们所见到的星光忽明忽暗,闪烁不定,好像在眨眼睛。行星离我们比较近,它们靠反射的太阳光形成一个发光圆面,星光透过大气层时也受到干扰,每一光点也要发生闪烁,但是由于发光圆面是由许多光点合起来的,受到扰动时有的变亮有的变暗,此起彼落,相互补偿,所以我们看上去就觉得星光很稳定,没有"眨眼"的感觉。

此外,行星是绕太阳运动的,它们在星座之间的相对位置每天都在移动。行星移动的路线大多是在黄道附近。通常在天球仪和星图上都画出了黄道带,只要熟悉沿黄道带附近的星座,很容易找到黄道在天空上的位置。至于行星每天的位置,可以查看天文年历得到它们的准确坐标。

关键词: 行星　黄道

地球是怎样绕太阳公转的

公元1543年,波兰天文学家哥白尼在他的伟大著作《天体运行论》中,论证了不是太阳绕地球运动,而是地球绕太阳运动,这就是地球的公转,地球绕太阳转一圈的时间就是一年。

根据万有引力公式计算，地球与太阳之间的吸引力约为35万亿亿牛顿。地球绕太阳作圆周运动的速度达到30千米／秒，由此产生的惯性离心力与太阳对地球的引力平衡，使地球不会掉向太阳，而是一直绕太阳公转。

　　事实上，地球的轨道不是圆形，而是椭圆形的。每年1月初，地球经过轨道上离太阳最近的地点，天文学上称为近日点，这时地球距离太阳14710万千米；而在7月初，地球经过轨道上离太阳最远的地点，天文学上称为远日点，地球距离太阳15210万千米。根据这个道理，1月份我们看到的太阳，要比7月份稍大一些。但是，地球的轨道是一个非常接近于圆的椭圆，所以这种差别实际上极不明显，肉眼是没法看出来的，只有通过精密的测量才能发现。

　　更精确的观测告诉我们，地球的轨道与椭圆还有些稍小的差别，那是因为月球以及火星、金星等其他行星，都在用自己的吸引力影响地球的运动。然而，它们都比太阳小得多，对地球的引力作用很小，难以与太阳抗衡，所以，地球的轨道还是很接近于椭圆。

　　因此，严格地说，地球公转的轨道是一条复杂的曲线，这条曲线十分接近于一个偏心率很小的椭圆，天文学家已经完全掌握了地球这种复杂运动的规律。

　　关键词：　地球公转　　近日点　　远日点

为什么地球会绕轴自转

地球同太阳系其他八大行星一样,在绕太阳公转的同时,绕着一根假想的自转轴在不停地转动,这就是地球的自转。昼夜交替现象就是由于地球自转而产生的。

几百年前,人们就提出了很多证明地球自转的方法,著名的"傅科摆"使我们真正看到了地球的自转。但是,地球为什么会绕轴自转?以及为什么会绕太阳公转呢?这是一个多年来一直令科学家十分感兴趣的问题。粗略看来,旋转是宇宙间诸天体一种基本的运动形式,但要真正回答这个问题,还必须首先搞清楚地球和太阳系是怎么形成的。地球自转和公转的产生与太阳系的形成密切相关。

现代天文学理论认为,太阳系是由所谓的原始星云形成的。原始星云是一大片十分稀薄的气体云,50亿年前受某种扰动影响,在引力的作用下向中心收缩。经过漫长时期的演化,中心部分物质的密度越来越大,温度也越来越高,终于达到可以引发热核反应的程度,而演变成了太阳。在太阳周围的残余气体则逐渐形成一个旋转的盘状气体层,经过收缩、碰撞、捕获、积聚等过程,在气体层中逐步聚集成固体颗粒、微行星、原始行星,最后形成一个个独立的大行星和小行星等太阳系天体。

我们知道,要测量一个直线运动的物体运动快慢,可以用速度来表示,那么物体的旋转状况又用什么来衡量呢?一种办法就是用"角动量"。对于一个绕定点转动的物体而言,它的角动量等于质量乘以速度,再乘以该物体与定点的距离。物理学上有一条很重要的角动量守恒定律,它是说:一个转动物体,如果不受外力矩作用,它的角动量就不会因物体形状的变化而变化。例如一个芭蕾舞演员,当他在旋转过程中突然把手臂收起来的时候(质心与定点的距离变小),他的旋转速度就会加快,因为只有这样才能保证角动量不变。这一定律在地球自转速度的产生中起着重要作用。

形成太阳系的原始星云原来就带有角动量,在形成太阳和行星系统之后,它的角动量不会损失,但必然发生重新分布,各个星体在漫长的积聚物质的过程中分别从原始星云中得到了一定的角动量。由于角动量守恒,各行星在收缩过程中转速也将越来越快。地球也不例外,它所获得的角动量主要分配在地球绕太阳的公转、地月系统的相互绕转和地球的自转中。这就是地球自转的由来,但要真正分析地球和其他各大行星的公转运动和自转运动,还需要科学家们做大量的研究工作。

☞关键词: 地球自转　原始星云　角动量
角动量守恒

为什么我们感觉不到地球在运动

"坐地日行八万里",这句话的意思是:即使我们站着不动,也正随着地球的自转,以意想不到的速度运动着。在赤道上,物体随地球自转的运动速度达 465 米/秒,一天约移动了 4 万千米,即八万里。地球绕太阳公转的运动速度更快,每秒就要跑 30 千米。可是，为什么我们一点也感觉不到地球在运动呢？

生活中有这样的经验，当我们乘船在江河里航行时，船随江河一泻千里，两岸山壁如飞移过，那时候觉得船行多快啊！如果乘轮船在大海里航行，站在甲板上，海天一色，白浪滔滔，那时候会觉得船行多慢呀。要是比较一下，江河里的船可能还没有海轮航行得快呢！问题就在这里。原来，我们是通过周围景物的相对移动来判断我们自身运动的。而且，景物离我们越近，在视觉上，它的相对运动就越明显。乘船在大海里航行时，水天茫茫，近处没有什么东西可以判断船在迅速行驶，于是，我们觉得船行得十分迟缓，好像是停在那里没有动似的。

地球这艘"大船"在宇宙空间航行的时候，只有远处的星星，可以帮我们看出一点运动的迹象。但星星离我们实在太远了，短时间里很难察觉出它们在移动。而我们周围的一切事物，正和我们自己一样，随着地球一起运动，所以我们感觉不到地球在不停地转动。但不要忘记，我们每天看到太阳、月亮、星星的东升西落，就是地球自转的结果。至于地球公转，我们可以通过观测天空中星星位置的变化来证明这一点。如果我们每天夜晚在同一时刻观测天空，就会发现，天空中星座的位置正一天一天地由东向西移动。原来出现在西边的星座，渐渐地下沉，看不见了；而东边又会升起一些原先看不见的星座。一年过去后，你就会发现，天空中又出现了你开始观测时所见到的星座。这就表明：地球已经环绕太阳整整转过一圈了。

☞ 关键词：**地球自转　地球公转**

地球自转 1 周正好是 1 天吗

　　地球自转一周的时间是 23 小时 56 分钟，可是地球上的一天却是 24 小时。这不是矛盾了吗？

　　我们日常生活中的一天，就是昼夜交替一次的时间。用什么标准来计量一天的长短最准确呢？

　　天文学家选取了太阳过子午线，也就是太阳到达地球上某地最高位置的时刻作为时间起算标准。太阳这一次经过子午线，到下一次经过同一地方子午线之间的时间就是 1 天，这中间所需要的时间是 24 小时。

　　如果地球只有自转没有公转，那么，由于地球的自转，太阳两次过子午线的时间，就是地球自转 1 周的时间。

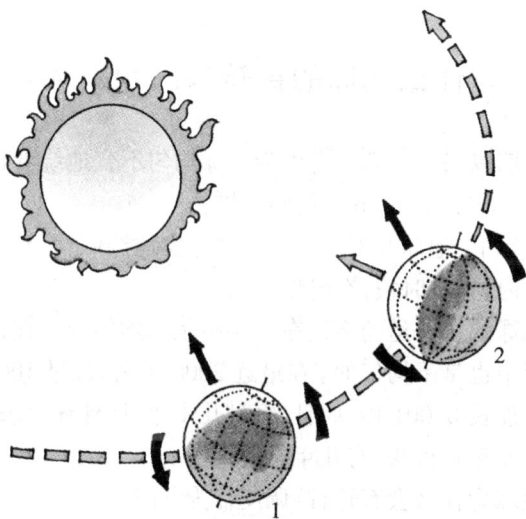

事实上，地球在自转的同时，还绕着太阳公转。当地球自转了 1 周以后，由于公转运动的原因，地球不在原处了，而从图中的 1 点移到了 2 点。第一次正对着太阳的那一点，在地球自转了一周后，还没有再一次正对太阳(图中黑色箭头所指方向)，必须要等地球再转过一个小角度后，才正对太阳(图中灰色箭头所指方向)。地球自转过这个角度的时间，约需要 4 分钟左右。

在太阳两次经过子午线的时间中，实际地球自转了 1 周多一点，这段时间才是我们日常生活中的 1 天——24 小时。

这样，在地球绕太阳公转一周后，地球自转的周数实际比 1 年中的天数要多 1。

关键词：地球自转　地球公转　子午线

为什么地球的自转有时快有时慢

长期以来，人们一直以为地球均匀不变地绕着自转轴旋转，大约每 23 小时 56 分旋转 1 周。

实际上，地球并不是那么老老实实地按照均匀速度自转，在一年内，它有时快，有时慢。

地球的自转运动不仅在一年中是不均匀的，在许多世纪的过程中也是不均匀的。在最近 2000 年来，每过 100 年，1 昼夜就要加长 0.001 秒。而且，每过几十年，地球还会来一个"跳动"，有几年转得快，有几年又转得慢。

地球为什么会有这种"调皮行为"呢？

科学家孜孜不倦地找寻原因,答案已逐步明朗:南极的巨大冰川,现在正在慢慢融化,这就意味着南极大陆的冰块在减少,南极大陆的质量在减轻。正是地球质量分布的变化影响了地球的自转速度。

月亮能引起地球上海水的涨落,这种涨落是和地球旋转的方向相反的,这样就使地球的自转速度逐渐变慢。

每年冬天,风从海洋吹到大陆上,夏天,风又从大陆吹回海洋,这些流动空气的质量大得难以相信,竟有 300 万亿吨!这么大质量的空气,从一处移到另一处,过一阵,又从另一处移回来,这就使地球的重心起了变化,结果旋转速度也就时快时慢。

地球自转速度还与海洋洋流、地壳板块运动、地核物质的重新分布等原因有关,它们都或大或小地影响了地球自转速度。因此,影响地球自转速度变化的原因很复杂,这已经成为天文学的一个重要研究课题。

☞ 关键词:地球自转

地球上的日期是怎样计算的

当北京刚过午夜 12 点钟,新的一天又开始了。可是在北京以西的地方,像英国的伦敦却还是前一天下午 4 点钟;而在北京以东的地方,像千岛群岛已经快要黎明了。这是因为地球是一个旋转的圆球,太阳的东升西落,使午夜、黎明、中午不停地、周而复始地在地球上各地循环, 每个地方都有当地的时间。那么，地球上的"今天"到底从哪里开始，"昨天"又是到哪里结束呢？

这个区分"今天"和"昨天"的地方是有的，它叫做国际日期变更线。你可以在世界地图上找到这一条线，但地面上是没有这条界线的，它是天文学家们所规定的一条假想的线。这条界线从北极开始，经过白令海峡，然后穿过太平洋一直到南极为止。这条国际日期变更线，在地球上 180°经线附近，它并不是完全直的，而有些弯曲，为的是避开岛屿，不给太平洋有些岛上居民生活带来麻烦。地球上年、月、日的起算，都从这条界线上开始。它是地球上每一个新日期的出发站，同时也是终点站。日子从这里"诞生"出来以后，就开始它的"环球旅行"，它向西环绕地球一周，又重新回到诞生的地方，当再度越过这条界线时，新的一天又开始了。

住在楚科奇半岛和堪察加半岛的居民，是全世界最早迎接新年和新的一天的人，因为他们居住在日期变更线西边非常近的地方。在太平洋彼岸的阿拉斯加则在这条界线东边，那里的居民却要差不多晚一天一夜才能过新年。

为了不致使海上航行的人们将日期搞乱，当轮船在太平洋上越过这条国际日期变更线的时候，需要遵守一项特殊的规则：如果轮船从西往东越过这条线时，要把日期减去一天；如果轮船从东往西越过这条线时，恰巧相反，要把日期加上一天。这样，在越过这条国际日期变更线的时候，人们才不至于把日子搞糊涂。

关键词：日期　国际日期变更线
地球自转

56

世界上的时区是怎样划分的

我们平常使用的时间，是以太阳在天空中的方位作标准来计量的。每当太阳转到天球子午线的时刻，就是当地正午12时。由于地球自转，地球上不同地点看到太阳通过天球子午线的时刻是不一样的。因而各个地方，根据太阳的方位定出的时间就各不相同。当英国伦敦是中午12点时，北京正值下午7时45分，上海为下午8时06分。这在科学技术发达的今天，是很不方便的。

为了使用方便，人们把全球划分成24个时区。每个时区跨经度15°。英国原格林尼治天文台所在的时区，叫做零时区，包括西经7.5°到东经7.5°范围内的地区。在这个时区里的居民，都统一采用原格林尼治天文台的时间。零时区以东第一个时区，叫做东一区，从东经7.5°到22.5°，是用东经15°的

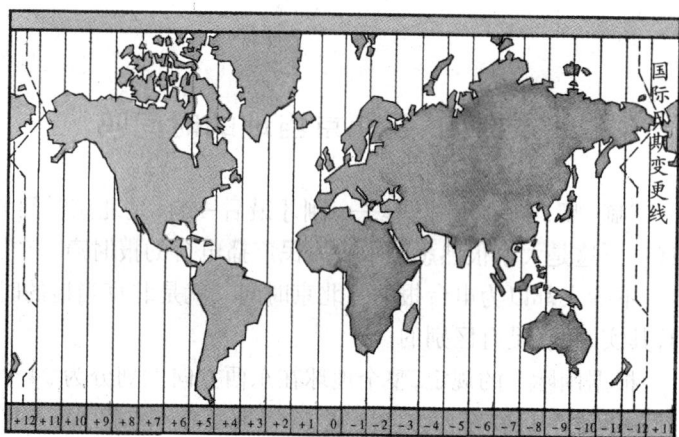

时间作标准的。再往东,顺次是东二区、东三区……一直到东十二区。每跨过 1 个时区,时间正好相差 1 小时。在同一个时区里的时间,和真正按照太阳方位定出的时间相差不多(不超过半小时)。同样的道理,零时区以西,又顺次划分为西一区、西二区、西三区……一直到西十二区(西十二区就是东十二区)。全世界的居民,都包括在这 24 个时区里,每个时区里的时间是统一的,称为区时。时区与时区之间,只是小时数不同,分秒数还是相同的。这样,使用起来就方便多了。

我国在格林尼治东面,使用的是东经 120° 的标准时间,属于东八区。日常在收音机里报告的"北京时间"几点,就是东八区的标准时间。

在时区的划分上有时不能完全按照经度界限,要照顾到国界、地形、河流、岛屿等具体情况,由各个国家根据使用方便的原则加以划定。

关键词: 时区　区时

"北京时间"是北京当地的时间吗

"嘟、嘟、嘟、嘟、嘟、嘟——刚才最后一响,是北京时间 8 点整。"这是大家很熟悉的中央人民广播电台的报时声。

不少人都以为电台报的"北京时间"就是北京当地的时间,其实,两者是有区别的。

根据国际上的规定,整个地球在东西方向上划分为 24 个时区,每个时区在东西方向上宽 15°。北京在东八区,东八区的范围是东经112.5°～127.5°，在这个范围内的任何地方，一律都用东经120°子午线上的标准时间，北京也不例外。我们平常所说的"北京时间"，指的就是东经120°的标准时，或者说是东八区的区时，而北京的地理经度是东经116.3°，两者之间相差约14分钟。

我国幅员辽阔，在东西方向上从东经73°多到135°多，横跨5个时区，即从东五区到东九区。现在我国除小部分地区外，全国多数地区都采用"北京时间"。

"北京时间"比世界时（即一般所说的格林尼治时间）早8个小时，比美国纽约早13个小时。"北京时间"已敲响新年钟声的时候，英国伦敦家庭中的时钟，指的还是12月31日下午4时，而纽约还只是上午11时。所以，在进行国际交往、观看国际球类比赛，或者在表示飞机航班的时间时，一定得说清楚所用的是什么时间，是世界时，还是某条经线上的标准时，这样才不至于发生差错。

👉 关键词：北京时间　区时　世界时

为什么北半球冬季日短夜长，夏季日长夜短

为什么会有白天和黑夜？我们知道，这正是由于地球永不疲惫地绕自转轴自转的结果。正是地球的自转，使得地球上的大部分地区都有半天时间朝向太阳，半天时间背向太阳，朝向太阳的时候就是白天，背向太阳的时候就是黑夜。

生活经验告诉我们,白天和黑夜并不一样长,夏季的时候日长夜短,冬季的时候日短夜长,这又是什么道理呢?

原来,我们生活的地球不仅在自转,还围绕太阳公转,而且自转轴和公转轨道平面并不垂直,始终保持一个 66°33′的倾斜角。地球就像一个忠实的奴仆,点头哈腰地绕太阳公转,四季变化和日夜长短不均的奥秘都在于此。

地球在公转轨道上运动时,由于与太阳的相对位置发生变化,阳光直射点在地球上的位置也在发生变化,一年中,太阳直射点在南北纬 23°27′之间来回移动。我们将南纬 23°27′称为南回归线,而北纬 23°27′称为北回归线。当太阳直射点落在南回归线附近时,太阳光斜照在北半球上,北半球受到的太阳的光和热就少,于是,北半球进入冬季。此时,一天内北半球照到太阳光的时间短,而照不到太阳光的时间长,因此,造成了冬季日短夜长。相反,当太阳直射点在北回归线附近,太阳

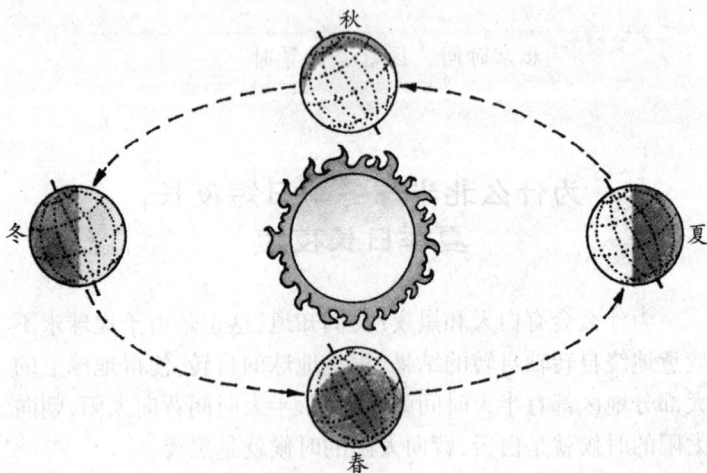

光直照在北半球上，北半球受到的太阳的光和热就多，于是，北半球进入夏季。此时，北半球每天照到太阳光的时间长，而照不到太阳光的时间短，所以，造成了夏季日长夜短。

太阳直射北回归线的那一天称为夏至，这是北半球一年中白天最长、黑夜最短的一天。夏至过后，阳光直射点从北回归线向南移动，白天渐渐变短，天也渐渐冷了。到了冬至这一天，阳光直射南回归线，这是北半球一年中白天最短而黑夜最长的一天。

由于阳光直射点在南北回归线之间来回移动，因此，一年中阳光直射点总有两次会落在赤道上，在春天的那一次称为春分，秋天的那一次则称为秋分。这两天都有一个共同的特点，即全世界所有地方白天和黑夜都一样长。

另外，昼夜长短的时间在不同的地方也是不相同的。例如，夏至那天，白天持续的时间在广东汕头是 13 小时 30 分，在北京是 15 小时，到了东北黑龙江的黑河市则可长达 16 小时 18 分；冬至那天，白天持续的时间在汕头是 10 小时 36 分，在北京是 9 小时 16 分，而在黑河市则短至 8 小时。可以看出，在夏季，越是往北，白天越长；相反的，在冬季，则越是往北，白天越短。

关键词：地球公转　回归线　夏至　冬至　春分　秋分

当船西行时,为什么 1 天比 24 小时长; 东行时,1 天却比 24 小时短

1519 年 9 月 20 日,5 艘西班牙船在麦哲伦的率领下,离开了圣罗卡港向西开航,开始了环球旅行。

经过了将近 3 年,他们只剩下 1 艘船到达了佛得角群岛。这个群岛离西班牙只剩下 1 天的路程了,水手在航海日记上写道:"1522 年 7 月 9 日,抵达佛得角群岛。"

然而,在日期的问题上,水手们上岸时却意外地同岛上的居民发生了一场争论。

"要知道,今天是 9 号!"水手们斩钉截铁地对居民们说。

"不,今天是 10 号!"居民们同样一口咬定。

航海日记是每天都记的,没有错过一天。所以水手们决不认错。

那么究竟是 9 号还是 10 号呢? 的的确确,那天是 10 号! 难道真的是水手们记错了吗? 不,的的确确,他们一点也没记错,按照他们的记法,那天应该是 9 号!

那么,究竟是谁弄错了呢?

为什么会整整差 1 天呢?这 1 天到哪儿去了呢?

在当时,他们谁也不知道这奇怪的 1 天,是什么时候从他们的身边溜走的。直到后来,人们才把原因找到:原来,这是因为他们的船是朝西绕地球航行的!

地球,不停地由西向东旋转着。当他们的船向西航行时,好像在同太阳捉迷藏,白天,一直不停地在追着西移的太阳;夜晚,他们又在躲避上升的太阳。这样,就延长了昼夜的时

间。据计算,在他们的船上,每天要比 24 小时长大约 1 分半钟左右。这 1 分半钟太短了,况且他们船上又没有准确的钟表,谁也没有觉察出来。然而,他们在海上航行了近 3 年,积少成多,每天长了 1 分半钟,3 年间竟然就凑足成了一整天——那奇怪的 1 天,就是这样悄悄地从他们身旁溜走了。

当然,如果他们相反地朝东航行的话,那么 1 天将要变得比 24 小时短,3 年以后,会多出 1 天来。

水手们所乘坐的船,比起现代的远洋巨轮、喷气式飞机来,就要慢多了。当这些远洋巨轮、喷气式飞机向西航行时,每天不再是延长 2 分钟,而是几十分钟,甚至几小时了,因为它们追太阳的本领更大。这样,人们不能不在计算航期时,把这些悄悄溜掉或者增加的时间算进去。如果谁忘记了的话,那么,轮船将不按“规定时间”泊岸,飞机将不按“规定时间”降落。

☞ 关键词:时间　地球自转

为什么在南极和北极
半年是白天半年是夜晚

我们居住的地球,在围绕太阳旋转的时候,身体有点儿倾斜。地球的自转轴并不和公转的轨道平面垂直。它们相交成 66.5 度的角度。

每年春分,太阳直射地球的赤道。然后地球渐渐移动,到了夏天,日光直射到北半球来。以后经过秋分,太阳再直射赤道。到了冬季,太阳又直射南半球去了。在夏季这段时间,北极地区整天在日光照耀之下,不管地球怎样自转,北极都不会进入地球上未被阳光照到的暗半球内,一连几个月看见太阳悬挂在天空。直到秋分以后,阳光直射到南半球去,北极进入了地球的暗半球里,漫漫长夜方才降临。在整个冬季,日光一直不能照到北极。半年以后,等到春分,太阳才重新露面。所以北极半年是白昼(从春分到秋分),另半年是黑夜(从秋分到春分)。

同样的道理,南极也是半年白昼,半年黑夜。只不过时间和北极正好相反。北极白昼的时候,南极是黑夜。北极黑夜的

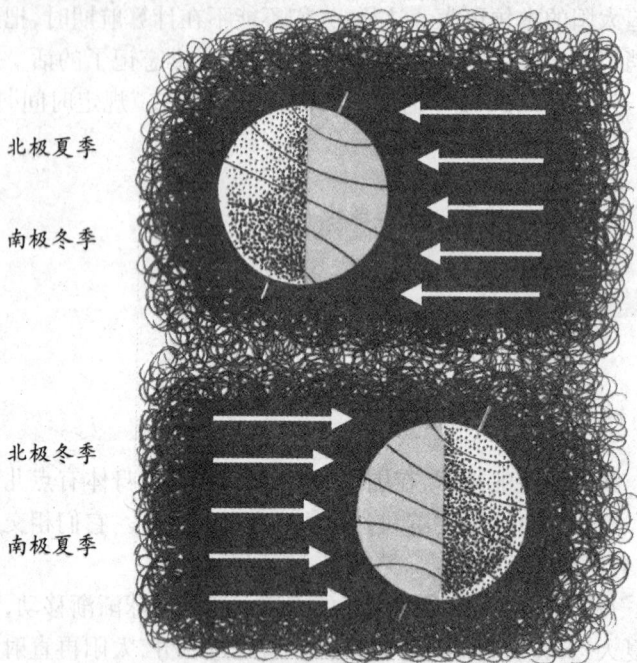

北极夏季

南极冬季

北极冬季

南极夏季

时候,南极是白昼。

实际上,由于大气折射的影响,太阳还在地平线下面半度左右的时候,日光就已经照射到地面上来。因此,北极在春分前两三天,太阳光就已经照到地面。而秋分之后,也要过两三天太阳才完全隐没下去。所以北极的白昼要比半年长一些。同样的道理,南极的白昼也是半年多一点。不过,由于地球公转轨道不是正圆形,北极的白昼,比南极的还要略长一些。

正因为如此,在每年的春分和秋分前后几天,在南极和北极,同时都可看见太阳,过着共同的白昼。相反的,在一年中的其他时间里,南极和北极从来不会同时出现黑夜。

关键词: 白昼　黑夜　南极　北极

为什么 2 月份通常只有 28 天

阳历的月份分大月和小月,大月 31 天,小月 30 天。可是唯独 2 月份却只有 28 天,有的年份又是 29 天,这是为什么呢?

说来很可笑,这个规定是十分荒唐的。

公元前 46 年,罗马统帅儒略・凯撒着手制订阳历时,本来规定每年 12 个月,逢单是大月,31 天;逢双是小月,30 天。2 月份逢双,也应该是 30 天。但这样算下来,1 年就不是 365 天,而是 366 天了。所以必须设法在 1 年中扣去 1 天。

在哪一个月里扣去 1 天呢?

那时候,按照罗马习俗,许多判处死刑的犯人,都是在 2

月里执行的,所以人们认为这是一个不吉利的月份。既然1年里要扣去1天,那么在2月份里扣去1天,让这个不吉利的月份少1天好了。因此,2月份就成了29天。这就是儒略历。

后来,奥古斯都继儒略·凯撒做了罗马皇帝。奥古斯都发觉儒略·凯撒是7月份生的,7月份是大月,有31天。奥古斯都自己是8月份生的,8月份偏偏逢双是小月,只有30天。为了和儒略·凯撒表示同等的尊严,奥古斯都就决定把8月份也改为31天。同时把下半年的其他月份也改了,9月份和11月份,由原来是大月改为小月;10月份和12月份,由原来是小月改为大月。这样又多出来1天,怎么办呢?依旧从不吉利的2月份内扣掉。于是,2月份就只有28天了。

2000多年来,人们所以沿用这个不合理的规定,只是一种习惯罢了。世界各国研究历法的人,已经提出许多改进历法的方案,想把历法改得更合理些。

☞ 关键词: **大月 小月 儒略历**

阴历和阳历是怎样来的

世界上各国、各民族所使用的历法的种类很多,但主要可以归纳为三种:阳历、阴历、阴阳历。我国现在所用的农历,有人误称它为阴历,其实这是阴阳历,而不是真正的阴历。

阳历,顾名思义,是根据太阳来的,就是将地球绕太阳公转1圈的时间作为一个计算时间的单位。地球公转1圈是365.2422天,也就是365天5小时48分46秒,为了使用方便,通常以365天作为1年。这就是阳历的1年。

由于365天里,月亮大致圆缺变化12次,因此就将1年分为12个月。365天无法平均分配在12个月里,就用大月和小月的办法来安排。大月31天,小月30天,2月份也是小月,但只有28天。12个月加起来,1年就是365天。

阴历是从月亮而来。月亮的圆缺变化很有规律,平均29.53天变化一次,人们把这段时间作为计算时间的单位,叫做月,大月30天,小月29天。由于从冷天到热天再到冷天的变化周期里,月亮圆缺变化12次多一些,因此就以12个月(阴历月)为1年(阴历年)。1年是354天或355天,这就是真正的阴历。在古代,中国和埃及,阴历都是最先使用的历法。

天气冷热变化一周是365天,而阴历的1年只有354天或355天。1年要相差10或11天,3年就是1个月多。为使历法能适应天气冷热变化的周期,就在第三年加上1个月,这一年就有13个月,加上的这个月叫闰月,这样,1年是384或385天了。我国在3000年前的殷代,就有13月的名称了。到2600年前,人们又进一步用"19年7闰"的方法来设置闰月。这就是现在我们用的"农历"。用置闰月的办法来使农历历法适应天气变化周期,就像是将阴历和阳历糅合起来,这样的历法就不是纯粹的阴历,而是阴阳合历了。

关键词: 阳历　阴历　阴阳历　闰月

为什么在使用公历的
同时还要用农历

我国现在使用的历法有两种，一种是国际上通用的公历，也叫阳历；另一种是我国特有的农历，又称夏历。

公历起源于古代埃及。地球绕太阳公转一周的时间，即一个回归年的长度是365天5小时48分46秒。为了日常生活的方便，1年所包含的日数应为整数，因此公历取365天为1年，然后再采取置闰的方法来与回归年的长度保持一致。公历的置闰方法，使得它的历年平均长度非常接近回归年的实际长度，要经过好几千年才相差1日。因此，公历就把寒来暑往、季节交替非常准确地反映出来了。然而，公历的月数和每个月中所包含的日数都是人为规定的，没有任何天象的依据。

农历实际上是一种阴阳历，它是兼顾月相变化和回归年两个周期而编制的历法。首先，它以月相变化一周的时间，作为月的标准，这样1个月的平均长度是29日12时44分2.8秒，农历取29日为1小月，30日为1大月，12个月共354或355日。为了使它的历年长度尽量与回归年长度一致，采用置闰月的办法，有闰月的年份包含13个月。这样一来，农历每年也与季节交替周期相近，并且农历每月与月亮盈亏周期相符。这就是说，它的年和月两个单位，都具有各自确定的天文意义。

农历还有一个特点，就是设置了二十四节气。节气是根据地球绕太阳的公转运动确定的，地球在公转轨道上，每前进15°就算是1个节气。这样，地球1年绕太阳一圈360°，就有

24个节气。这样看来,节气和阳历一样,都是以地球绕太阳公转为依据。因此,节气是阳历的,而不是阴历的。节气在阳历中的日期都很固定,这也说明了节气是阳历的。例如,春分都集中在阳历的 3 月 20 日、21 日、22 日这三天;秋分则集中在 9 月 23 日、24 日这两天。据史书记载,自战国时代以来,我国农民就开始根据二十四节气来安排农业生产。

为什么我们在使用公历的同时还要使用农历呢? 农业生产与二十四节气的密切关系是原因之一。其次,农历的月是一个朔望周期,航海和渔业、盐业等一些部门的生产活动都离不开它。

农历在我国已经有好几千年的历史了, 可以说是家喻户晓,妇孺皆知。特别是农历中的一些节日,例如,春节、元宵节、清明节、端午节、中秋节、重阳节等等,早已成为我国人民传统的节日,这也是目前我们仍然使用农历的原因之一。

关键词: 公历　农历　二十四节气

为什么公历有闰年,农历有闰月

现今世界上各国通用的公历,是根据罗马人的"儒略历"改编而成的。天文学上把地球绕太阳从春分点回到春分点的时间间隔,称为 1 个回归年,其长度是 365.2422 天。但是儒略历的历年平均长度为 365.25 天,每年要比 1 个回归年差不多长 11 分 14 秒,于是产生了误差。从公元前 46 年,积累到 16 世纪,相差竟达 10 天之多。为了解决这个问题,当时的教皇格雷果里十三世,就将1582年10月5日人为地规定为10月15日。并且为了避免以后积累误差起见,规定了设置闰年的新规则:以公历纪元为标准,凡是能被4整除的年是闰年;但逢百之年,能被4整除的并不是闰年,必须要能被400整除的才是闰年。例如1980年能被4整除,是闰年。1900年是逢百之年,虽能被4整除,却不能被400整除,所以不是闰年,而2000年又将是闰年。凡是闰年,在2月份增加1天,全年为366天。这样,公历历年的平均长度为365.2425天,更接近回归年,3000年左右才相差一天。

现在还在使用的农历又叫夏历,它的特点是既很重视月相盈亏的变化,又照顾寒暑时令。农历规定:大月30日,小月29日,这是因为月相变化1周的时间为29.5306日。农历平年有12个月,全年只有354日或355日,与回归年平均约差10日21时。为了纠正这个差数,规定每3年中置1个闰月,5年中置2个闰月,19年中共置7个闰月,从而使农历历年的平均长度接近回归年,以配合寒暑变化规律。通过这样巧妙的安排,农历历年平均长度为365.2468日,与回归年就十分接近了。

☞ 关键词: 闰年　闰月　回归年　儒略历

什么叫"干支"纪年

你看过《甲午风云》这部电影吗?你在历史中读到过"戊戌变法"和"辛亥革命"这类名称吗?

"甲午"、"戊戌"、"辛亥"，都是年份的名称，这种记述年份的方法叫做"干支"纪年。

为什么叫做"干支"纪年呢？对于这个问题，我们不妨先从现在的纪年方法谈起。

我们现在用的是公元纪年，是目前世界上一般通行的纪年方法，它以耶稣诞生这一年起算。在我国古代，有两种纪年的方法。一种是以封建王朝的年份来纪年的。例如，唐太宗(李世民)的年号叫贞观，他在公元627年做皇帝，这一年就叫贞观元年。玄奘赴西域取经在公元629年，这一年便是贞观三年。又如明朝最后一个皇帝思宗(朱由检)的年号是崇祯，崇祯自缢死亡的一年，是崇祯十六年。这样的纪年法，必须非常熟悉封建王朝的各个朝代和年号，计算起来很麻烦。而且遇有纪年方法不统一的时候，例如三国时，魏、蜀、吴三国各有各的年号，照哪一个纪年好呢？因此，这种纪年方法很不方便。

我国古代另有一种比较科学的纪年法，叫做"干支"纪年。"干支"就是天干与地支的合称。甲、乙、丙、丁、戊、己、庚、辛、壬、癸，这十个字叫"天干"；子、丑、寅、卯、辰、巳、午、未、申、酉、戌、亥，这十二个字叫"地支"。天干的十个字和地支的十二个字，依次搭配，如"甲子"、"乙丑"、"丙寅"、"丁卯"……这样配合成60组，循环使用，就叫做"六十花甲子"。用这样的方法来纪年，每60年循环1次，再配以一定的王朝年号等等，前后所隔年份，就比较清楚，容易计算。比如，1898年的维新运动，叫做戊戌变法；1911年孙中山先生领导的民主主义革命，通常叫辛亥革命；1894年，北洋水师抗击日本侵略的海战，称甲午海战。

1961年是辛丑年，1971年是辛亥年，1981年是辛酉年……从它们的排列可以知道，凡是表示"天干"的前一个字相同时，一定是相隔 10 年的整倍数；而表示地支的后一个字相同时，如甲子与丙子，一定是相隔 12 年的整倍数。因为 10 与 12 的最小公倍数是 60，所以天干、地支两字完全相同的年份，一定相差 60 年的整倍数。这种纪年法，虽然还不及公元纪年法方便彻底，但由于我国历史上用得很多，所以我们应该了解。

我国习俗上的生肖，就是以地支来计算的。它们的对应

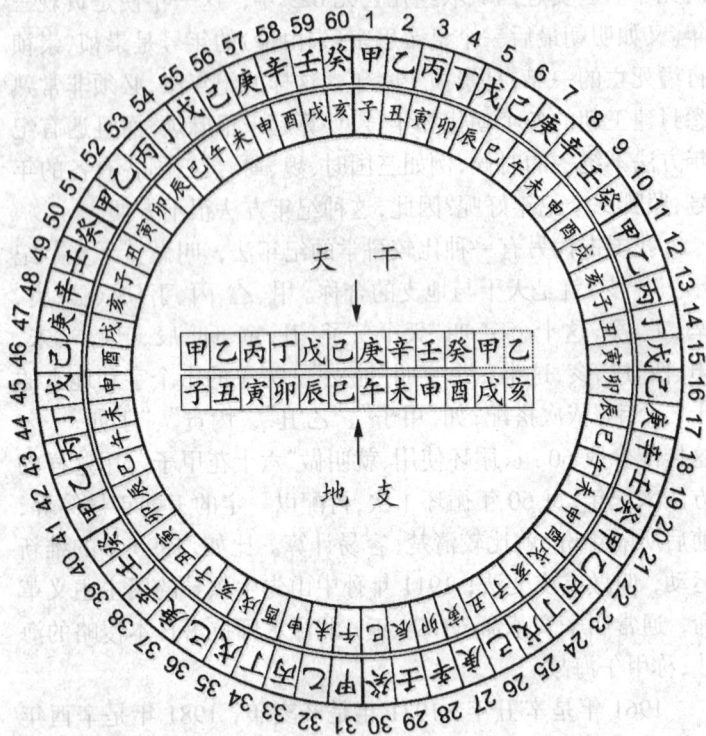

天　干
↓

| 甲 | 乙 | 丙 | 丁 | 戊 | 己 | 庚 | 辛 | 壬 | 癸 | 甲 | 乙 |
| 子 | 丑 | 寅 | 卯 | 辰 | 巳 | 午 | 未 | 申 | 酉 | 戌 | 亥 |

↑
地　支

关系是:子—鼠,亥—猪,戌—狗,酉—鸡,申—猴,未—羊,午—马,巳—蛇,辰—龙,卯—兔,寅—虎,丑—牛。所以在实际生活习惯上,"干支"纪年也还有用处。

☞ 关键词:"干支"纪年　公元纪年
　　　　　天干　地支　生肖

为什么天空中会出现流星

夜晚,有时候天边突然一亮,接着就有一道弧形的光在天空扫过,来得突然,去得迅速,人们不禁脱口呼出:流星!

在我国古老的传说里,关于流星有着许多神话,最普遍的,是说每个人都相应地有一颗星,哪一个人死了,他的那颗相应的星就会落到地上来。而从前的那些封建帝王,为了要保持自己的统治,担心自己的死亡,专门养了几个星官,观看天象,给帝王预报吉凶。

这种说法,实在毫无科学根据。据估计,目前地球上的人口大约是50多亿,而天上的星,包括肉眼看不见的在内,何止千亿! 而且,说流星是星掉下来也是不正确的。我们看到的满天星斗,除了地球的几个兄弟是行星之外,都是非常巨大的恒星,是和太阳差不多的天体。不过它们离地球非常非常远,和地球相碰的可能性是很小很小的。因此,在人类历史中根本不会有星"掉下来"的事。

那么,流星究竟是什么呢?

流星,科学地说来,是闯入大气层的一种行星际物质,在大气层中与空气摩擦发光的现象。

原来，地球附近的宇宙空间里，除了其他行星外，还有着各种行星际物质。这种行星际物质，小的似微尘，大的像一座山，在空间按照它们自己的速度和轨道运行。这些行星际物质又叫做流星体。它们自己不发光，当它们和地球"相撞"的时候，流星体相对于地球大气的速度非常高，每秒钟可达 10～80 千米，比速度最快的飞机还快几十倍。当流星体以这样的高速度穿进地球大气时，和大气发生剧烈摩擦，并燃烧，使空气加热到几千摄氏度甚至几万摄氏度，在这样高温气流作用下，流星体本身也气化发光。流星体在大气里的燃烧，不是一下子就烧完的，而是随着流星体运动过程逐渐燃烧的，这样就形成了我们看到的那条弧形光。

有时，体积过大的流星体，还来不及烧完就落到地面，我们叫它陨星。陨星有石陨星（陨石）、铁陨星（陨铁）和石铁陨星等。由于大气稠密，落到地面的陨星是很少的，它们到达地面时的速度也较小，所以很少带来灾害。

流星体的物质内容是些什么呢？根据化验陨星的结果，它的成分多半是铁、镍，或者有的干脆就是石头。也有人猜测，陨星中还可能有一些地球上没有的元素，只是当流星体燃烧时烧毁了，这一点暂时还没有得到证实。

还有一些流星飞进地球大气层燃烧发光，但是由于速度很大，竟然能够再飞出大气层扬长而去，它们真像是天地间的过客，闪电式地访问一下地球，就又回到宇宙空间去了。

👉 关键词：**流星　流星体　陨星**

为什么会出现狮子座流星雨

你看见过流星雨吗？

1833 年 11 月 17 日夜晚，盛大的狮子座流星雨景象十分壮观：流星像暴风雨般持续不断地从狮子座朝四面八方辐射开来，一连好几个小时，最多时每小时出现 10 万颗流星。有人估计，那天晚上出现的流星至少有 20 万～30 万颗。

从历史上狮子座出现第一次流星雨极盛算起，一共有 15 次，它们出现的年份是：公元 902 年、931 年、934 年、1002 年、1101 年、1202 年、1366 年、1533 年、1602 年、1698 年、1766 年、1799 年、1833 年、1866 年以及 1966 年。从上面的记录，可估算出狮子座流星雨极盛周期基本上是 33～35 年。当然，其中也有不按规律的例子。

那么，为什么极盛周期会是 33～35 年或是它的倍数？

这就必须提到与狮子座流星雨联系在一起的 1866 年出现的"1866I"大彗星了。这颗被命名为"坦普尔—特塔尔"的彗星的公转周期平均是 32.9 年，在它环绕太阳运动的过程中，除了将残余物质散布在轨道各处，形成狮子座流星群之外，特别密集在其运行轨道的一个比较窄的地段内。地球在每年 11 月中旬穿越"1866I"彗星和狮子座流星群的轨道，但由于"1866I"彗星的公转周期是 33 年左右，地球不会每次都遇上那个密集区，而是每隔 33 年左右遭遇一次。这就是说，每年 11 月 17 日前后，狮子座流星群只有少量流星，而每隔 33 年左右，会有一次盛大表演。

有的天文学家预报，2000 年前后将出现一次盛大的狮子座流星雨,这就格外引起人们的关注。届时,它会如期出现吗?盛况又将如何?请你拭目以待吧。

从1998年和1999年狮子座流星雨的情况来看,流星数远没有预报的那么多。据计算,2029年,狮子座流星雨的母体坦普尔—特塔尔彗星与木星相距很近时,有可能在木星巨大引力的作用下,偏离原来轨道,这样的话,狮子座流星雨将会在不久的将来消失。

☞ 关键词: 狮子座流星雨 彗星

为什么下半夜看到的
流星比上半夜多

我们看到的流星,有时多有时少。如果仔细观测,就会发现下半夜看到的流星比上半夜多。这是什么缘故呢?

在一般情况下,流星体在地球周围空间的分布是均匀的,运动速度的大小和方向各不相同。假如地球没有公转和自转,静止在天空,那么,从各个方向闯进来的流星数目应该大致相等。

由于地球以约30千米/秒的速度,绕着太阳公转,这就造成了不同时候出现的流星数目也不相同了。

上半夜,观测者背向地球公转的前进方向,所能看到的流星,是那些运动速度比地球公转速度大,并赶上地球闯入大气层的流星体造成的。而在下半夜,观测者面向地球公转的前进

76

方向,这时,地球追上的流星体,或者迎面来的流星体,一旦闯进大气层,都能造成流星现象,所以看到的流星比较多。尤其是接近黎明的时候,遇到的流星最多。从黎明到中午这段时间中,流星同样比较多,但因为是白天,阳光比较强,天空很亮,所以用肉眼和光学望远镜看不到流星。

关键词: **流星　流星体　地球公转**

为什么会下陨星雨

夜晚,常常能见到天空中流星一闪而过,产生这种现象的流星体绝大多数都只有针尖般大小。流星体与大气撞击、摩擦、燃烧发光的同时,已成为灰烬。如果流星体比较大,没有燃烧完,其残余部分坠落到地面附近时,又发生崩裂,大大小小的石块之类的东西就落到地面上,成为陨星。一次坠落的陨星比较多的话,就被称作陨星雨。

1976年3月8日,一场世界罕见的陨星雨降落在我国吉林省境内。

那天下午3时许,一颗有好几吨重的陨星,在飞速坠入吉林市地区上空时,由于与稠密的大气层相撞而燃烧、发光,形成一个耀眼夺目的大火球。火球很快分成一大两小,由东向西鱼贯前进,并发出巨雷般的爆裂声和隆隆回响,雷声未停,大小陨星纷纷落地,像雨点般陨落在吉林市北郊和永吉县、蛟河县一带,成为举世罕见的吉林陨星雨。

吉林陨星雨是世界上分布最广、数量最多、质量最大的一

次极其罕见的陨星雨。

"雨"区在东西方向上延伸达 70 千米，南北宽 8 千米多，面积达 500 平方千米。

从事此项研究的工作人员在短短几天内，就收集到了 100 多块质量超过 500 克的陨星，至于较小的陨星碎块和碎屑，简直是无法计数。

这次坠落的陨星总质量在 2600 千克以上。其中，最大的"一号陨星"，是有史以来世界上收集到的最大的石陨星，它有 1770 千克。这块陨石降落在永吉县桦皮厂乡范围内。

关键词：陨星　陨星雨

为什么在南极地区有那么多陨星

陨星对于天文学家来说是极其难得的"天体标本"。谁也未曾想到，在没有任何资料和线索的情况下，在生活环境特别恶劣的南极地区，科学家却发现了大量的陨星。

1912年，澳大利亚的一支探险队在南磁极西北不远处威尔克斯地的冰雪中，发现了第一块陨星。这块陨星质量约1千克。以后又过了大约半个世纪，从1961～1964年，人们又先后在南极地区找到了5块陨星。

自1969年以后的20年中，在南极地区发现的陨星数目增加之快，完全出乎人们的意料。先是日本南极探险队于1969年在大和山脉地区发现的，到1976年为止，在200来平方千米的范围内，收集到约1000块陨星。1976年后，其他国家的南极考察队又相继在大和山脉、阿伦地区、维多利亚谷等地区发现大量陨星。到20世纪80年代末，整个南极大陆上找到的陨星总数已达七八千块，而且，看来还有不少潜力可挖。

全世界原先收集的陨星，据统计，大约是从3000来次陨落中收集起来的，而数千块南极陨星的发现，把陨落次数又增加了一半以上。十分可贵的是，南极陨星是在低温、低湿度、非常清洁的条件下长期保存下来的，是一大批极为珍贵的科研资料和标本。

在南极地区发现的陨星特别多，范围又都比较集中。从已经找到的南极陨星来看，它们绝大多数都集中在日本昭和基地附近的大和山脉和其他高山周围，以及美国基地附近的阿伦丘陵地带。科学家发现，这些集聚在一起的陨星是各种类型的陨星。这一事实清楚地说明，这些陨星原来是分散在各处的，由于某种原因，如冰层长期而缓慢的流动，才逐渐会聚到几个地区附近来的。

因为南极大陆中间部分的冰层比较厚，延伸至海岸逐渐变薄。打个比喻来说，整个大陆的冰层像个铁饼。冰层很自然地从高处向低处滑动，尽管这种滑动是非常缓慢的，但正是这种缓慢的滑动把散落在各处的陨星，一点点地集中到比较靠近海岸的地区来。如果遇到高山、丘陵地带，陨星的移动受到阻碍，便会就地停下来。

也许你觉得奇怪，这些极其难得的"天体标本"为什么喜欢跑到南极大陆安家落户？其实，这和极光一样，是由于地球磁极的影响。再加上南极冰雪的覆盖，很好地将这份天外礼物保存了起来。

关键词：陨星　南极

为什么要研究陨星和陨星坑

对于科学研究来说，陨星实在是难得的"天体标本"！因此，科学家们十分重视研究这些自己"送上门来"的天外礼物。

研究陨星有多方面的意义。直到现在，科学家对于我们自己所在的太阳系是怎么形成的，又是怎么演化的，还不很清楚。对于地球的情况，也是这样。而通过对陨星的研究，有助于这些问题的解决。

陨星和我们地球的年龄基本上是一致的,都是46亿年左右。可是,地球46亿年前是什么样子?又是怎样演变到今天这个样子的呢?在这漫长的岁月当中,由于地球内部物质运动以及表面风化作用等原因,那些地球形成初期的物质已经不存在了。陨星就不一样了,由于它的体积小,没有发生像地球那样巨大的变化,它仍旧保持着当年形成时的"庐山真面目"。这就为我们研究地球的历史, 特别是地球早期的演化过程提供了宝贵的依据。

　　地球和太阳系其他天体都是从原始太阳星云中演变而来的,陨星很自然地就成了这个原始太阳星云的考古标本。

　　某些类型的陨星中存在着氨基酸和其他有机物质。因此,要想探索在自然界里生命的起源和发展等问题, 也可从陨星的研究中得到线索和启发。

此外，流星体长期在空间遨游时，许多宇宙间的核反应、宇宙射线等都在它身上留下了不可磨灭的烙印，它会忠实地记录下它所经历的一切情况，这将有助于我们对宇宙空间的认识和了解。

总之，深入研究陨星是由哪些物质组成的，结构有什么特点，怎么形成，又如何演化，等等，对于天体史、地球史、生物史以及天体物理学、宇宙化学、高能物理学和宇宙空间科学的研究等方面，都有很重要的意义。

正因为陨星是很重要的科学标本，当我们知道了哪里有陨星，特别是新落下来的陨星的时候，一定要尽快地报告有关部门，同时保护好现场的各种痕迹。

陨星坑的情况也是这样，把地球陨星坑和太阳系天体的环形山对比研究，可以大大加深我们对太阳系的认识和对太阳系演化历史的理解！

☞ 关键词：陨星　陨星坑

怎样知道一块石头是不是陨星

如果你前面有一堆石头和铁块，你能分辨出哪一块是陨星、哪些是地球上的岩石或自然铁吗？

根据物质成分的不同，陨星可以大致分为三类：石陨星（陨石）、铁陨星（也叫陨铁）和石铁陨星。

陨星在高空飞行时，因与地球大气剧烈摩擦发热，表面温度达到几千摄氏度。在这样的高温下，陨星表面熔化成了液体。后来由于遇到地球低层比较浓密的大气的阻挡,它的速度越来越慢,熔化的表面冷却下来,形成一层薄壳,叫熔壳。熔壳很薄,一般在1毫米左右,颜色是黑色或棕黑色。在熔壳冷却的过程中,空气流动在陨星表面吹过的痕迹也保留下来,叫气印。气印的样子很像在面团上按出的手指印。

熔壳和气印,是陨星表面的主要特征。如果你看到的石头或是铁块的表面有这样一层熔壳和气印,那你可以立刻断定,这是一块陨星。

但是,落下来年代较长的一些陨星,由于长期的风吹、日晒和雨淋,熔壳脱落了,气印也就不易辨认出来了。但是,那也不要紧,还有别的办法来辨认。

陨石的样子很像地球上的岩石,用手掂量一下,会觉得它比同体积的岩石重些。陨石一般都含百分之几的铁,有磁性,用吸铁石试一试就知道了。另外,仔细看看陨石的断面,会发现有不少小的球粒,球粒尺度一般有1毫米左右,也有大到2~3毫米以上的。90%的陨石都有这种球粒,它们是陨石生成的时候产生的,是辨认陨石的一个重要标记。

陨铁的主要成分是铁和镍,其中铁占90%左右,镍的含量一般在4%~8%之间,地球上的自然铁中镍的含量不会有这样多。

在陨铁上切割一个断面,磨光后用5%的硝酸酒精浸蚀,光亮的断面会呈现出特殊的条纹,像花格子一样。除了极少数含镍量特多的陨星外,都会出现这些条纹。这是辨认陨铁的一个主要方法。

石铁陨星极少见,由石和铁组成,它含有大致相等的铁和硅酸盐矿物。

通过上面的几种办法，就可以把陨星同地球上土生土长的石头和铁块区分开来了。

陨星是珍贵的天体标本，我们应该注意搜集和保护，让这些"天外来客"为人类提供更多的科学信息。

☞ 关键词：陨星　陨石　陨铁　石陨星
铁陨星　石铁陨星

什么是"通古斯"之谜

1908 年 6 月 30 日上午 7 时许，在俄国西伯利亚中部通古斯地区，一个比太阳还要耀眼夺目的火球，沿着大约 275 度的方位角呼啸着从天而降，顷刻之间，一声炸雷，震耳欲聋。爆炸的巨响传到千里之外，发出的冲击波把方圆 100 千米内所有房屋的门窗玻璃震坏，甚至远在三五百千米之外的人畜，也被突然一击打倒在地。2000 多平方千米的森林树木轰然倒下，大火使周围成为一片焦土。世界上所有的地震仪都记录下一段异乎寻常的曲线。

这是 20 世纪初，也是人类有史以来"亲眼目睹"的最大的一次"爆炸"。据估计，爆炸威力相当于数千万吨"TNT"烈性炸药，或者说，与几千颗 1945 年 8 月投掷在日本广岛的原子弹的威力不相上下。

究竟是什么东西在通古斯爆炸了呢？人们首先想到的是陨星。1927 年，前苏联科学院组织了以库利克教授为首的考察队，去爆炸现场进行实地调查。一般情况下，陨星坠落的中心区域总有一些大小不等的陨星坑，在附近可以捡到大量的陨星碎片。这里的情况却完全不同，既无大陨星坑，也没有陨星碎片。考察队挖了好几十米深，仍然是一无所获。奇怪! 陨星哪里去了?

正当科学家百思不得其解之际，前苏联著名科幻作家卡萨采夫大胆地提出一种新颖的假说。他在一篇小说中提出了自己的看法：通古斯事件是一艘来自地球之外的核动力宇宙飞船"失事"造成的。但是，现实的调查却给核爆炸说浇了一瓢冷水，因为科学家没有找到该地区在 1908 年受到核辐射的证据。

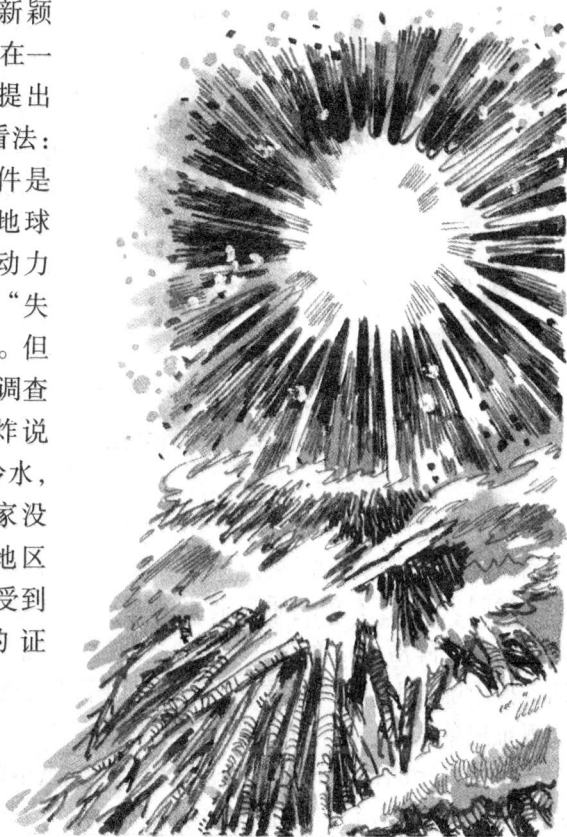

1958年，前苏联科学家对出事地点再度进行了考察。终于发现，该地区土壤中含有铁质陨星尘微粒，其中含有7%～10%的镍，而地球上铁矿中的镍含量最高也不会超过3%。后来，别的考察队又从当地沼泽灰泥土中发现了一些玻璃陨体、金属颗粒、硅化物颗粒和很小的金刚石颗粒，而这些物质正是彗星或小行星等行星际小天体的典型化学成分。从而证实通古斯事件的"肇事者"可能是某颗彗星的碎片，或者说是一颗小行星，它的直径约100米，质量在百万吨以上。当它以30千米/秒的速度撞入地球，因与地球大气剧烈作用，温度升高到几千摄氏度乃至上万摄氏度而发生爆炸，造成了震惊世界的通古斯事件。由于爆炸发生在高空，因而就没有在地面上留下陨星坑。

　　关键词：通古斯事件　　陨星

陨冰是怎么回事

　　从宇宙空间穿过地球大气层落到地面的天然固态物体称为陨星。陨星可以分为三类：石陨星、铁陨星和石铁陨星。除了这三类陨星外，还有玻璃质陨星，即陨冰。

　　陨星在降落到地面的过程中，表面温度常常可以达到三四千摄氏度以上，许多物质在这样的高温下纷纷气化，因而人们很难想象，怎么会有陨冰到达地面呢？

　　关于陨冰的记录的确罕见。我国古代文献中曾记载着这样一段文字："同治元年（1862年）秋，日方午，有大星坠入零陵县西乡雷家冲田中。大如斗而圆,其声匉訇,久之化为水。"这"大星"究竟是天外来客——陨冰,还是大冰雹?就当时的记录而言,还不足以作科学鉴定。1983年4月11日,无锡市东门降下一块冰,随之冒起一团雾气。一位过路人还将捡到的碎冰放入热水瓶中保存。后经我国天文学家的努力,从人造卫星拍摄的当天的云图上,找到了它自宇宙空间进入大气层的轨道痕迹,以此证明它是一块罕见的陨冰。

国外有关陨冰的记录也很少。1955年8月30日,一块陨冰落在美国威斯康星州的卡斯顿城外,质量约3千克。1963年8月27日,一块陨冰坠落于前苏联莫斯科地区一个农庄的果园中,碎冰块共重约5千克。

有科学家猜测,陨冰最可能的来源应当是彗星。当小彗星闯入大气,可能有一些在大气中不能完全蒸发掉,而陨落于地面。然而,目前仍然有某些学者对陨冰持否定态度,认为证明它们是天外来客的证据不足。他们认为,从天而降的冰块极可能是地球大气内的产物。

☞ 关键词:陨星 陨冰

为什么月亮会发生圆缺变化

我们看到的月亮,它的形状在一个月里天天发生变化,有时像个圆盘,有时会缺了一半,有时又像一把弯弯的镰刀。

月亮为什么会发生圆缺变化呢?

我们知道,月亮是围绕地球运行的一颗卫星,它既不发热,也不发光。在黑暗的宇宙空间里,月亮是靠反射太阳光,我们才能看到它。

月亮在绕地球运动的过程中,它和太阳、地球的相对位置不断发生变化。当它转到地球和太阳中间的时候,月亮正对着地球的那一面,一点也照不到太阳光,这时,我们就看不见它,这就是新月,叫做朔。

新月以后两三天,月亮沿着轨道慢慢地转过一个角度,它向着地球一面的边缘部分,逐渐被太阳光照亮,于是我们在天空中就看到一钩弯弯的月牙了。

这以后,月亮继续绕着地球旋转,它向着地球的这一面,照到太阳光部分一天比一天地多,于是,弯弯的月牙也就一天

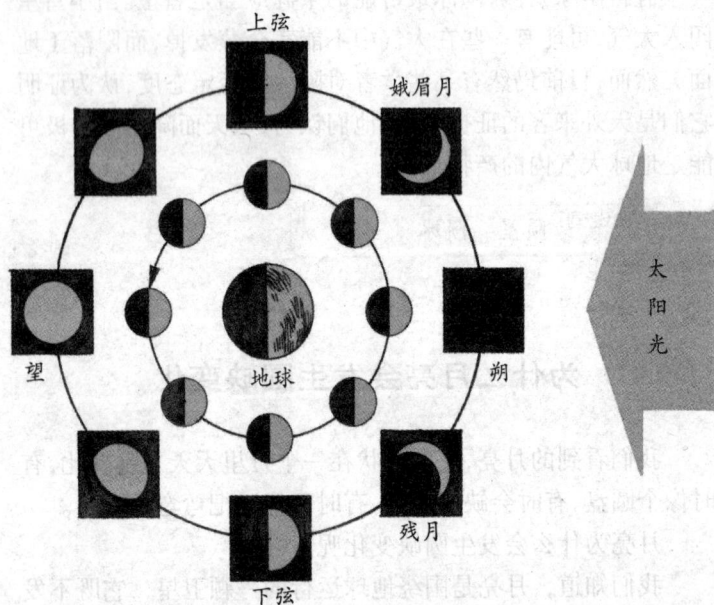

比一天"胖"了起来。等到第七八天，月亮向着地球的这一面，有一半照到了太阳光，于是我们在晚上就看到半个月亮，这就是上弦月。

上弦月以后，月亮逐渐转到和太阳相对的一面去，这时它向着地球的这一面，越来越多地照到了太阳光，因此我们看到的月亮，也就一天比一天圆起来。等到月亮完全走到和太阳相对的一面时，也就是月亮向着地球的这一面全部照到太阳光的时候，我们就看到一个滚圆的月亮，这就是满月，叫做望。

满月以后，月亮向着地球的这一面，又有一部分慢慢地照不到太阳光了，于是我们看到月亮又开始渐渐地变"瘦"。满月以后七八天，在天空中又只能看到半个月亮了，这就是下弦月。

下弦月以后，月亮继续"瘦"下去。过了四五天，又只剩下弯弯的一钩了。之后，月亮慢慢地变得完全看不见，新月时期又开始了。

月亮圆缺的变化，是由于月亮绕着地球运动，它本身又不发光而反射太阳光的结果。

关键词：月亮　新月　朔　上弦月
　　　　满月　望　下弦月

为什么月亮老是以同一面朝着地球

从地球上看月亮，只能看到它的一面，它的另一面像是怕差似的，老是"藏"着不让我们看到。随着天文观测手段的进步，人们对月亮向着地球的一面，已经了解得比较清楚了，但是对它"藏"起来的一面，却所知甚少。

现在，人们利用载人或不载人的航天器，绕到月亮背面上空，给月亮背面拍了照片，再用无线电波传送回来或直接带回地面，这才知道它是什么样子。与正面相比，月球背面的地形更加凹凸不平，起伏悬殊。平原所占面积较少，而环形山则较多。

月亮为什么永远以同一面朝着地球，而另一面从来不转过来呢？

这是因为月亮一方面绕地球公转，一方面在自转，而它自转一周的时间，正好和它绕地球公转一周的时间相同，都是27.3天。所以，当月亮绕地球转过一个角度，它也正好自己旋转了相同的角度，如果月亮绕地球转了360°，它也正好自转了一圈，永远是一面朝着地球，另一面背着地球。

因为月球沿着椭圆形轨道绕地球运动，公转速度不像自转速度那么均匀，它的自转轴又不垂直于公转运动轨道面，因此我们有时能够看见月亮背面的一小部分。这样算起来，我们可以看到的月亮部分，大约是月球表面的59%。

至于说到月球自转周期等于公转周期，那倒并不一直是这样的。在几十亿年前，月球的自转要比现在快得多，由于地球强大的吸引力，使月球自转逐步减慢，直到今天正好等于它的公转周期。

将来，月球还会逐渐远离地球，它绕地球的公转周期会变长，而地球的自转周期也会变长。大约再过50亿年，地球上的一天会等于月球绕地球一周的时间，也就是一天等于一个

"月",相当于现在的 43 天。那时,地球会以同一面对着月球,而不是月球以同一面对着地球了。住在地球背着月球一面的人们,就要长途旅行到对着月球的一面来,才能观赏到皎洁的明月了。

关键词: 月亮　月球公转　月球自转

月球上的 1"天"有多长

如果宇宙飞船带着你到月球上去旅行,当你降落到月球上时,假如着陆的地方正好是黑夜的开始,那么你必须在月球上度过一段漫长的时间才能看到太阳,这段时间将近地球上的 15 天。

月球上的 1"天"究竟有多长呢?天文学家告诉我们,月球上的 1"天"等于地球上的 29.5 天。

地球自转造成了白天和黑夜的交替,它对着太阳的一面是白天,背着太阳的一面是黑夜,每交替一次,就是我们地球上的一天。

月球也在自转,对着太阳的一面也是白天,背着太阳的一面也是黑夜。不过月球的自转比地球慢得多,需要地球上的 27.3 天的时间,所以月球上的 1"天",比地球上的 1 天要长得多。

既然月球自转一周是地球上的 27.3 天,那么为什么月球上的 1"天",等于地球上的 29.5 天,而不是 27.3 天呢?

原来月球一边在自转,一边还在绕着地球公转,而地球又绕着太阳公转。当月亮转了一周之后,地球也在绕太阳转的轨道上走了一段距离,因此经过 27.3 天后,月球原来正对太阳的那一点现在并没有正对太阳,还要再转过一个角度,才能正对太阳,这段时间要 2.25 天,把 27.3 天加上 2.25 天,不是差不多等于 29.5 天吗?

☞ 关键词: **月球　月球自转**

为什么月亮上有那么多环形山

用望远镜观测月球表面,除了看见有大片平原和一些高山以外,还可以看到月球表面上有许许多多大大小小的圆圈。这每一个圆圈就是月亮上的一座环形山。在我们所能观测到的半球上,直径在 1 千米以上的环形山约有 30 万座以上。有一座叫贝利的环形山,直径有 295 千米,可以把整个海南岛放在里面。月球背面的环形山更多。

环形山的结构很有趣,当中是一块圆形的平地,外围是一圈山环,山环高达几千米,内坡一般比较陡峭,外坡比较平缓,有些环形山的中间还耸立着一个孤单的山峰。

对于月亮上环形山的形成原因,现在有两种解释:一种认为,环形山是由于陨星撞击月球表面而形成的。月亮上没有空气,陨星可以直接撞击月面,撞击爆发出来的物质堆积成为圆形的环形山。一部分飞溅得特别远的,洒落在月面上便形成以环形山为中心向四方伸展达几千千米的"辐射纹"。

另外一种解释认为月球在历史上发生过猛烈的火山爆

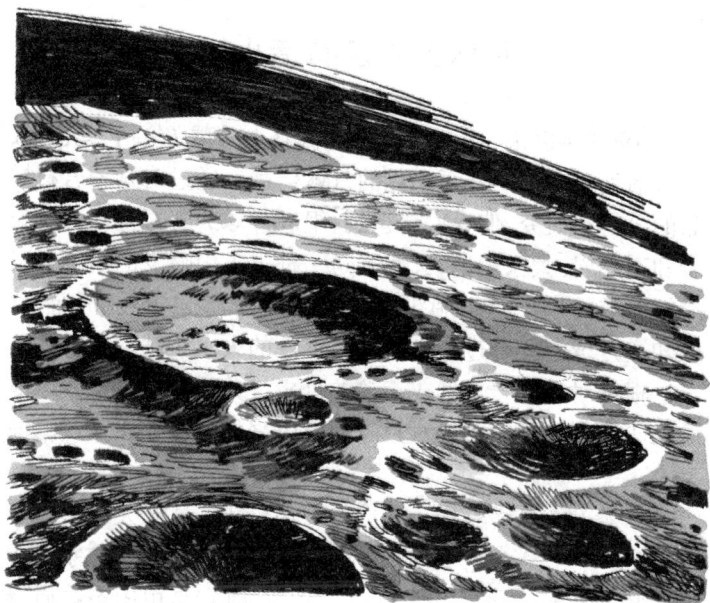

发,环形山就是喷射出来的物质凝结而成的。由于月面重力只有地球的六分之一,所以火山喷发的规模大,往往形成巨大的环形山。

现在公认的看法是,月亮上的环形山,主要是由于陨星撞击形成的,而由火山爆发形成的环形山只占一小部分。

☞ 关键词:月球　环形山

月球上有没有活火山

　　1969 年以来，人类曾先后 8 次登上月球（包括 2 次无人登月活动），并带回几百千克的月球样品。通过对月球岩石样品的分析和研究，使人们认识到，组成月球的岩石主要为斜长岩和玄武岩。大家知道，玄武岩是一种由火山喷发的熔融岩浆凝结而成的岩石。鉴于在月球上玄武岩类岩石的广泛分布，可以知道月球曾经有过非常活跃而广泛的火山活动。

　　根据对月球岩石形成年龄的分析，并结合了其他月球地质的研究，我们还可以对月球形成以来的历史作出大致的描述。

　　月球大约形成于 46 亿年前。在刚形成时它是由固态物质凝聚而成的，但稍后曾经历过一次较普遍的熔融，使其组成物质发生一定程度的轻重

分异和调整。但熔融阶段历时不长,不久便冷凝形成了一个较完整的固态外壳。打那以后,月球就经历了不断来自宇宙空间的大小不等的陨星的轰击。从现在还保留下来的为数众多的陨星撞击坑来看,直径都很大,而且彼此相距很近。可以想象,当时陨星撞击的频率是很高的。

大约41亿年前左右,月球发生了第一次大规模的火山活动。大量岩浆的喷发,还引起了广泛的构造活动,形成了月面上最大的山脉——长1000多千米、高3~4千米的亚平宁山脉和一些陷落盆地。以后岩浆活动便逐渐减弱,一直到39亿年前左右,月球又发生了一次巨大的变动。

一些原本较接近"地—月系"的微行星撞向了月球,从而给月面留下了巨大的伤疤——月海。这次撞击事件又一次引发了广泛的火山喷发,喷出的岩浆充填在各个低凹的月海里。这次岩浆活动的时间延续了几亿年,一直到31.5亿年前左右才逐渐平静下来。从那以后,月球内部的活动逐渐减少,仅是偶尔还有一些小规模的火山喷发和喷气。陨星的轰击虽然没有停止,但无论是陨星的大小,还是轰击的频率都显著减小。因此,月球的面貌不再发生重大的变化。

那么,月球现在还有没有活火山呢?应该说,根据人类对月球的多次宇航探测,至今没有发现月球有现代活火山活动的证据。不过,自1787年以来,人们已屡次观测到月面上时而会骤然出现神秘的闪光,闪光一般持续20分钟左右,有的也可延续几小时。据统计,200多年来已观测到这种闪光上千次。闪光究竟是怎样形成的呢?人们至今仍议论纷纷,莫衷一是。其中有一些人认为,它可能是月面上喷气活动的反映,是喷气中尘埃粒子反射太阳光的结果。如果这一观点是正确的,那就说明月球上的火山活动还没有完全停息，虽然没有岩浆的喷溢，但与火山有关的喷气还在时而发生。

关键词：**月球　月球岩石　活火山　火山喷发**

月球上有空气和水吗

晴朗的夜晚，皓月当空，在闪烁的群星中，月亮显得特别明亮。由于古代科学技术水平的限制，人们曾想象月亮上是个美丽的神仙世界，上面有金碧辉煌的广寒宫，翩翩起舞的嫦娥……

那么，月亮上真是神话中的仙境吗？上面有没有人类赖以生存的水和空气呢？到月亮上去看一看，是人类长期以来的一个梦想。

1969 年 7 月 21 日，"阿波罗 11 号"宇宙飞船载着航天员第一次登上了神秘的月球，实现了人类的登月之梦。以后，1969～1972 年，又有 10 名航天员探索了月球表面，从此揭开了月球神秘的面纱。航天员在月球表面拍摄了 1.5 万张照片，带回了 380 千克的月岩及月壤的样品。探索结果不仅击碎了美丽的神话，还发现月球上面既没有水也没有空气，白天酷热，夜晚奇冷，没有花草树木，更没有飞禽走兽，是一个寂静、荒芜的世界。在月球上，由于没有空气，声音也无法传播，航天员只有利用无线电波才能进行通话。

令人高兴的是，1998 年初，美国"月球探索者号"飞船，在对月球作进一步探测时发现，在月球的南北极，终年照不到阳光的环形坑内的土壤中，存在着大量的水冰。根据初步估计，这些水冰可能多达100亿吨。这个发现，为人类进一步开发月球提供了必要的保证。因为，未来的月球居民可以从水冰来获得必要的水源，并可以把水分解成氢气和氧气，从而得到人类和动植物呼吸所需要的空气。看来，到月球上去生活并非仅仅是幻想。

关键词：月球　月球开发

月球上有"海洋"和"陆地"吗

夜晚，仰望当空的明月，你可以看出月亮上有的地方明亮、有的地方暗淡。古时候，人们无法解释这种现象，就把月亮想象成嫦娥居住的广寒宫。17世纪初，意大利科学家伽利略第一次用自制的望远镜指向月亮时，他没有看到美丽的嫦娥，却发现月亮上坑坑洼洼、凹凸不平。伽利略认为，那些凸起的明亮的部分一定是高山和陆地，称为"月陆"；而那些凹下去的暗浅的部分一定是海洋，称为"月海"。伽利略还给这些"海洋"

取了名字,如云海、湿海、雨海、风暴洋等等。

这么说来,月球上的确有"陆地"和"海洋"啰?

随着天文观测技术的进步,特别是宇航探测技术的发展,人们又进一步发现,月亮上明亮的部分确实是高地、山峰和环形山等,但暗淡的部分却并非是海洋,里面根本没有水,只是些低洼而广阔的大平原而已。尽管如此,"月海"这个并不确切的名称一直沿用到现在。

已正式命名的月海有 22 个,其中绝大多数分布在月球正对着地球的一面,其中最大的月海称为风暴洋,面积超过 500 万平方千米,其次是雨海,面积在 80 万平方千米以上。

由于月海一般都比月陆低 2000～3000 米,最深的地方要低 6000 米。再加上月陆部分主要是由浅色的岩石组成,而月海部分主要由暗色的熔岩物质组成。所以,月陆部分反射太阳光的本领强,看上去较明亮;而月海部分反射太阳光的本领弱,看上去就暗淡一些。

关键词: 月球　月陆　月海

为什么说月亮在逐渐远离地球

月亮相伴地球月复一月地旋转了几十亿年,这对形影不离的伙伴组成了太阳系一道独特的风景线。

由于月亮是离地球最近的一个自然天体,人们对月亮的运动已研究得非常仔细,哪怕有一点点微小的变化都会被测量出来。200 年前,天文学家就根据日月食的资料发现月亮绕地球旋转的轨道在逐渐变大，也就是说月亮在慢慢地远离地球。现代的精密观测证实了这个观点，并且计算出，近年来月亮正以每年3厘米的速度在远离地球！

是什么原因使月亮逐渐远离地球的呢？原来是月亮的潮汐作用在作怪。月亮的引力在地球表面海洋上引起了潮汐，潮汐的传播方向与地球自转方向相反，它与洋底的摩擦使地球自转速度变慢。当然，这是一个非常小的量。"地—月系统"要保持角动量平衡，地球自转减慢所损失的角动量就转移到月亮的轨道运动上去了。结果使月亮公转速度加快，随之离心力也加大，月亮就逐渐被推离地球。

事实上这个现象已持续了几十亿年，30亿年前，月亮离地球的距离只有现在的一半！

人们也许要担心，月亮会不会逃离地球，而不再与地球相伴？我们说不会。因为如果一旦地球的自转速度减慢到与月亮绕地球的公转速度一致，此时，在海洋上潮汐的传播就会消失，促使地球自转变慢的这个因素将不复存在，月亮离地球的距离就再不会增加了。

> 关键词：月亮　潮汐　地—月系统

什么是月掩星

月球是离地球最近的自然天体，从地球上看，月球在天空中是直径约为0.5°的天体，它自西向东运动，平均每天在天空中移动13°。当月球运行到地球和太阳之间，三者成一直线时，月球遮住了太阳，就发生日食；当月球遮住别的遥远的恒星时，就会发生月掩星。

早在几百年前，天文学家在观测月掩星时，发现被掩恒星瞬间消失，由此推断月球上没有大气。而通过现代的观测手段研究月掩星时，人们发现，被掩恒星的星光在月面附近会发生物理上的衍射现象，这种现象虽然只持续约 0.05 秒，但用快速光度计和计算机完全可以记录下来。研究星光的衍射图样可以测定被掩恒星的角直径，或者研究恒星周围的大气。因此，观测月掩星不仅是天文学家的工作，同时也是天文爱好者热衷的观测项目。

月球除了掩恒星之外，还会掩它轨道附近的射电源、红外源和 X 射线源。通过这些观测可以获得这些辐射源的精细结构。20 世纪 50 年代，天文学家曾根据对月掩金牛座强射电源的观测，而证实它是公元 1054 年超新星的遗迹。

月球也能掩行星，称为月掩行星；行星也能掩恒星，称为行星掩星。它们是比较少见的天象。

关键词： 月球　月掩星

月到中秋分外明吗

我国把农历八月十五称做中秋节，已经有 2000 多年了。在中秋节吃月饼的风俗，至少也有 1000 年了。许多人认为，中秋节晚上的月亮比一年中其他时候的月亮要亮些。古人所写的诗词文章里也这样说。但是从现代天文学的角度来看，中秋节的月亮比一年里其他时候的望月更亮的看法是不正确的。

月亮在一个椭圆轨道上绕地球转动，因此，月亮与地球的距离有时远些，有时近些，在40.67万～35.64万千米之间变化着。中秋节时，月亮常常不是在离地球最近处，也就不会比其他月份的望月亮了。

从这个月的满月到下一次满月，平均要经过29天12小时44分钟，这叫做一个"朔望月"。规定"朔"一定在农历每月初一，"朔"以后平均经过14天18小时22分钟才是"望"。所以只有当"朔"发生在初一清晨，"望"才会发生在十五晚上。而较常发生的是，望月不在十五晚上，而是在十六晚上。朔望月的长短可以比平均值多或少6小时，因此有时"望"甚至延迟到十七日清晨才发生。实际上，中秋节晚上的月亮常常没有下一天十六晚上的月亮圆和亮。

为什么人们觉得中秋节晚上的月亮分外明呢？这完全是主观感觉和多年来流传下来的风俗习惯造成的。春天天气还较冷，人们不常在室外观赏星星与月亮；夏天月亮较低，月光较少，而天空的星星又特别多，夜晚在户外乘凉时，主要观看银河和牛郎、织女星，以及在南方天空中天蝎座里那颗火红的"心宿二"；冬天虽然月光多，但天气寒冷，谁还愿意出外观赏星月呢？秋天不冷不热，秋高气爽，月亮就成为观赏的主要对象，怪不得人们总认为"月到中秋分外明"了。

☞ 关键词：**中秋节　朔望月　望　朔**

为什么会发生日食和月食

月球围绕着地球旋转，同时，地球又带着月球绕太阳旋转。日食和月食就是由于这两种运动所产生的结果。当月球转到地球和太阳的中间，而且这三个天体处在一条直线或近于一条直线的情况下，月球挡住了太阳光，就发生了日食；当月球转到地球背着太阳的一面，而且这三个天体处在一条直线或近于一条直线的情况下，地球挡住了太阳光，就发生了月食。

由于观测者在地球上的位置不同和月球到地球距离的不同，所看到日食和月食的情况也不同。日食有全食、环食、全环食和偏食；月食有全食和偏食。

发生日食时，月球遮住了太阳，会在地球上留下影子。站在地球上被月球本影所扫过的地方，就完全看不到太阳，这叫做日全食；而站在地球上被月球半影所扫过的地方，看到太阳被月球遮住了一部分，这叫做日偏食。有时，由于月球离地球的距离不同，发生日食时，月球的影子不到达地面，那么在被月影延长线所包围的区域内，人们还能看得见太阳的边缘，也就是说月球只遮住了太阳的中心部分，这种现象叫做日环食。日全食和日环食阶段前后还能看到日偏食。

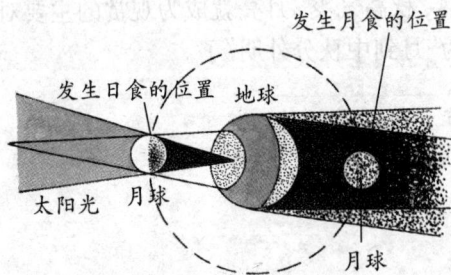

发生月食的位置

发生日食的位置　地球

太阳光　月球

月球

在更难得的情况下,一次日食过程中,由于月球到观测点距离的变化,有些地方可以看到日全食,有些地方可以看到日环食,这就称为全环食。

发生月食时,当月亮部分进入地球的阴影(本影)时,这叫做月偏食;而当月亮全部进入地球阴影时,这就叫做月全食。

有一条规律我们可以记一记:日食总是发生在新月朔日,月食总是发生在满月望日。

通常,一年里至少会发生两次日食,有时也会发生三次,最多会发生五次,不过这机会很难碰到。月食,每年大约会发生一两次,如果第一次月食发生在这年的1月初,那么,在这一年里可能会发生三次月食。

没有日食的年头是没有的,可是没有月食的年头却常有,大约每隔5年左右,就有1年是没有月食的。

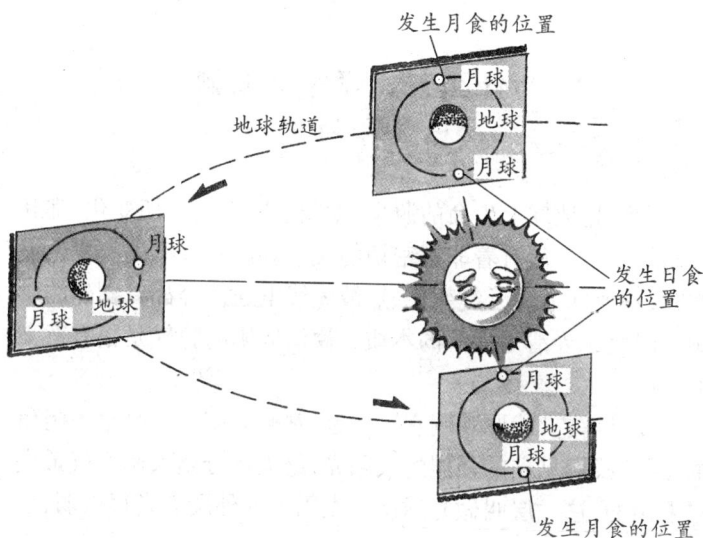

发生月食的位置

月球
地球
月球

地球轨道

月球
月球
地球

发生日食的位置

月球
地球
月球

发生月食的位置

既然日食比月食的次数多，为什么平时我们看见月食的机会要比日食多呢？

对整个地球来说，每年发生日食的次数的确比月食多，但是对于地球上的某一个地方来说，见到月食的机会却比日食多了。这是因为每次发生月食时，半个地球上的人都能见到。而发生日食时，只是处在比较狭窄的地带内的人们才能见到。

日全食更是难得一见，对某个地方来说，大约平均200～300年才能见到一次。在上海，2009年7月22日可以看到一次日全食；在北京，就要等到2035年9月2日才可以看到。

☞ 关键词：日食　月食　日全食　日偏食　日环食
　　　　　月全食　月偏食　半影　本影

为什么天文学家要观测
日食和月食

太阳是地球上生命的源泉，太阳上发生的一切变化，都和我们的日常生活有着非常密切的关系。例如，太阳大气发生爆炸时，对地球上的天气变化、短波无线电通信等都有剧烈的影响。因此，弄清楚太阳的本质，摸清太阳的脾气是很有意义的。

要了解它，就要观测它。但是，观测太阳并不是毫无阻碍的。通常我们见到的强烈的太阳光，绝大部分是太阳大气最底层发出的，这一层叫做光球层。太阳大气外层的光很微弱，在地面上观测太阳时,由于地球大气散射太阳光,使天空变得很亮,它完全掩盖了太阳外层大气的光,使我们看不见那里的各种现象。用一般的仪器只能看清楚光球层。

日全食时,月球遮住了太阳的光球,天空变暗了,太阳外层大气的光才显露出来,露出了"庐山真面目",使我们能看到平时看不见或者看不清楚的现象。

色球层、日珥、日冕都是太阳外层大气的组成部分。前面谈到的地球上的天气变化、短波无线电通信受干扰,都和它们的活动有密切关系。因此,色球层、日珥、日冕都是天文学家感兴趣的对象。虽然平时在一定条件下也可以观测到色球层、日珥、日冕,但在日全食时,这些现象可以看得特别清楚。这时,进行研究得到的结果非常有价值。所以,每逢发生日全食的时候,科学家们总要千里迢迢地带上许多笨重的仪器,赶到可以见到日全食的地方去进行观测。

那么为什么要观测月食?天文学家在月全食时,通过研究月球的亮度和颜色,可以判断地球大气上层的成分。月食时测定月面温度的变化,可以帮助研究月球表面的构造。此外,还可以从月食的过程,仔细研究地球和月球的运动规律。相比起来,日食观测要比月食观测更有科学意义。

关键词： 日食　月食　太阳大气　光球层

为什么不能用眼睛直接观察日食

日食是一种罕见的自然现象, 特别日全食更是自然界的

105

壮丽奇观。在日食的短暂时间里,科学家使用各种各样的天文望远镜和射电望远镜观测日食,对它进行拍照和记录,分析它的光谱和射电强度变化曲线。

每当发生日食,许多人都对这一天文现象感到极大的好奇,希望能仔仔细细地看看它是如何开始、如何发展变化直至最后结束。在观察日食时必须注意,不能用眼睛直接对着太阳观看。几十年前,德国有几十人因直接用眼睛看日食而双目失明!

直接用眼睛看日食为什么会伤害眼睛,甚至使人双目失明呢?

大家都有这样的体会,用眼睛直接看太阳,即使只看短短的一刹那,眼睛就会受到很大的刺激,好久好久眼前一片昏暗,很难恢复过来。这是因为眼睛里有一个水晶体,它能起聚光镜的作用,眼睛对着太阳看,太阳光中的热能被它聚集在眼底的视网膜上,就会觉得刺眼。如果看的时间长一些,视网膜就会被烧伤而失去视力。

发生日食时,大部分时间都是偏食,月亮只挡住了一部分太阳,剩下的部分仍然和平常一样发出光和热,所以直接用眼睛看的时间长了,同样会烧伤眼睛的。

那么,有没有什么简单的办法观测日食呢?

通常可用一块涂了墨汁的玻璃放在眼睛前面看,或者把玻璃放在烟火上面熏黑。墨层的厚度要均匀,能使眼睛透过它而看到太阳成为古铜色。这样既不刺眼,又能看清楚。因为涂墨玻璃能大量地吸收太阳光中的热能,使得聚集在视网膜上的太阳光达不到烧伤视网膜的程度。也可以用一盆加了墨汁的水,观看映在水中的太阳。但由于水反射光线的本领还比较大，所以不能看得太久，要看看停停，时间长了，仍旧会损害眼睛的。

那么是不是说任何时候都不可以直接用眼睛看日食呢？在特殊的条件下是可以的。一种是日全食阶段，这时整个太阳被月亮挡住，只剩下外围暗淡的日冕，可以直接用肉眼观测。但日全食发生的次数很少，人们难得看到，而且真正全食阶段最长的也只有 7 分 40 秒，而日食发生和发展的整个过程，前后达两三个小时，绝大部分时间里仍然是偏食，还得用上面介绍的一些方法进行观察。另一种是日食发生在日出或日没的时候，这种现象叫做"带食而出"或"带食而没"，由于这时太阳光被厚厚的地球大气层"削弱"了，可以用眼睛直接观看。

☞ 关键词：日食　日全食

太阳是个什么样的天体

我们在地球上，每天看到太阳东升西落，太阳照亮了大地，带给我们光和热。太阳是太阳系的中心天体，也是距离我们地球最近的一颗恒星，它和地球的平均距离是 14960 万千米；直径为 139 万千米，是地球的 109 倍；体积是地球的 130 万倍，质量是地球的 33 万倍，平均密度是 1.4 克/厘米^3。

太阳也在自转，自转周期在日面赤道带约为 25 天，越接近两极周期越长，在两极区约为 35 天。太阳上最丰富的元素是氢，其次是氦，此外还有碳、氮、氧和各种金属，和组成地球的化学元素几乎是同样的，只不过组成的比例不同罢了。

太阳是一个炽热的气体大火球，它的外层主要由3层组成：光球、色球和日冕，这几层构成了太阳的大气。

通常我们看到的太阳圆面称为光球，厚度有500千米左右，明亮耀眼的太阳光，就是从这层发出来的。

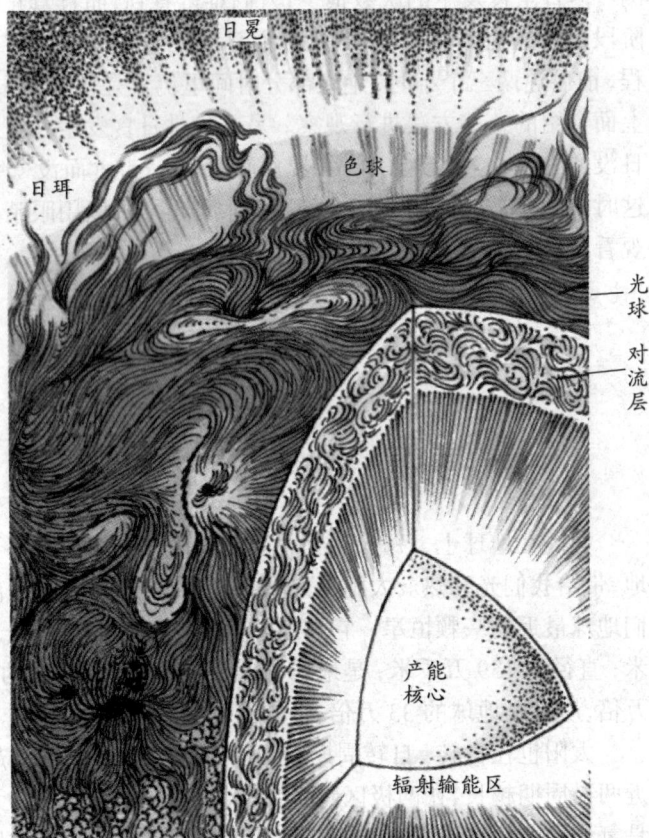

日冕

色球

日珥

光球

对流层

产能核心

辐射输能区

太阳构造

色球在光球的外面,是太阳大气中间的一层,大约延伸到几千千米高度,温度从几千摄氏度上升到几万摄氏度。在月全食的时候,当光球所发出的强烈的光线被月球遮掩住了,我们就能看见这个具有暗红色的气层,因此把这层叫做色球或色球层。

日冕是太阳大气的最外层,这层可以延伸到几个太阳半径那么远,有时甚至更远些。主要由高度电离的原子和自由电子组成,密度非常稀薄。日冕的内层,或称为内冕,温度高达100万摄氏度。日冕的大小和形状与太阳的活动有关。太阳活动极大期,日冕是圆形的;极小期,日冕在太阳两极处缩短,在太阳赤道带突出。内冕的亮度大约为光球的百万分之一,几乎像农历十五、十六晚上的月亮光似的。

以前天文学家观测色球,除了平时用单色光观测,还可在日全食期间观测;而观测日冕,以前只能在日全食时观测,现在可用"日冕仪"经常观测。近年来,人造卫星的观测表明日冕气体因高温膨胀不断向外扩散,抛出的粒子流形成了太阳风。

此外,在太阳的边缘外面,还有像火焰似的朱红色发光的气团,这叫做日珥。有时它以很大的速度射出,可以达到几十万千米高,然后,再向色球层落下来。日珥出现的多少和黑子一样,周期约是11年。平时我们用肉眼是看不到的,只有天文学家用色球望远镜或分光镜等仪器,或在日全食时才能看到它。

关键词: 太阳　地球　色球　日冕　日珥

为什么说太阳是颗普通的恒星

太阳是我们最熟悉不过的天体。它是太阳系的中心天体，质量达 2000 亿亿亿吨，是我们地球质量的 33 万多倍，它独个儿的质量，就占了整个太阳系数以万计大小天体质量总和的 99% 左右。

太阳直径约 139 万千米，是地球的 109 倍；至于它的亮度，更是其他任何天体望尘莫及的，它的视星等是 -26.7 等，比肉眼能见到的最暗星要亮 10 多万亿倍。

从生活在地球上的人看来，太阳显得那么与众不同。主要原因是因为它离我们很近，是恒星中离我们最最近的一颗。太阳与地球的距离，大约是 1.5 亿千米，太阳光从太阳出发来到地球，只需 8.3 分钟。这与那些非常遥远的、距离要用光年来计算的天体相比，确实是太微不足道了。

我们可以把太阳与其他恒星相比较，来认识在数以亿万计的恒星世界里，太阳究竟是怎样的一个天体。

先说恒星的质量。恒星质量基本上都在太阳质量的百分之几到 120 倍之间，其中以在 0.1~10 个太阳质量之间的占多数。可见，太阳只是颗质量处于平均水平的普通恒星。

从恒星的直径大小来看。一般认为，"御夫座 ε" 食双星系统中的那颗看不见的伴星，大概是已知最大的恒星，估计直径为 57 亿千米，相当于太阳直径的 4000 多倍。中子星是迄今发现最小的星，典型中子星的直径约 10 千米，相当于太阳的十四万分之一。

再说恒星的光度，也就是恒星真正的发光能力。恒星光度变化范围很大,大体上都在太阳的50万倍到五十多万分之一之间。

从恒星的表面温度来说,恒星的表面温度基本上都在2000~80000℃之间,太阳夹在中间,表面温度约6000℃。

进行比较之后,问题就很清楚了,太阳所以显得与其他恒星有所不同,仅仅是因为它离我们很近。从恒星世界亿万"芸芸众星"的角度来看,太阳是颗一点也不特殊、貌不惊人的普普通通的恒星。不仅如此,它还与其他恒星一样,只是银河系的一般成员。

☞ 关键词:太阳　恒星

为什么太阳会发光发热

太阳像一个炽热的大火球,光耀炫目。它每时每刻都在辐射出巨大的能量,给我们的地球带来光和热。可是,地球所接受到的太阳能,仅是太阳全部辐射能的二十二亿分之一。我们可以想象一下它的威力,如果在整个太阳表面覆盖上一层12米厚的冰壳,那么只消1分钟,太阳发出的热量,就能将这层冰壳完全熔化。令人惊异的是,太阳已经这样辉煌地闪耀了几十亿年!

很早以前,人们就在思索:太阳所发出的巨大能量是从什么地方来的呢?

显然,太阳上所发生的不可能是一般的燃烧。因为即使太阳完全是由氧和质量最好的煤组成,那也只能维持太阳燃烧

2500 年。而太阳的年龄比这长得多，是以数十亿年来计算的。

1854 年，德国科学家亥姆霍兹第一个提出了太阳能源的科学理论。他认为，由于太阳上气体物质不断发出热量，因而不断地因冷却而收缩。收缩时物质向太阳中心下落，产生能量，使太阳损失的能量不断地得到补充。根据计算，太阳直径只要每年缩短 100 米，收缩所产生的能量，就足以补偿它辐射出的能量了。可惜的是，即使太阳最初的直径等于太阳系最远的行星的轨道直径，收缩到现在的大小，也只能维持太阳闪耀2000 万年。

在 19 世纪，有些科学家还认为太阳会发光，是陨星落在太阳上所产生的热量、化学反应、放射性元素的蜕变等等引起的，但所有这些都不能解释太阳长期以来所发出的巨大能量。

1938 年，人们发现了原子核反应，终于解开了太阳能源之谜。太阳所发出的惊人的能量，实际上是来自原子核的内部。原来在太阳上含有极为丰富的氢元素，在太阳中心的高温（1500 万摄氏度）、高压条件下，这些氢原子核互相作用，结合成氦原子核，同时释放出大量的光和热来。

因此，在太阳上所发生的并不是一般人所想象的燃烧过程。在太阳内部进行着的氢转变为氦的热核反应，是太阳巨大能量的源泉。这种热核反应所消耗的氢，在太阳上极为丰富。太阳上贮藏的氢至少还可以供给太阳继续像现在这样辉煌地闪耀 50 亿年！即使太阳上的氢全部燃烧完毕，也还会有别种热核反应继续发生，使太阳继续发射出它那巨量的光和热来！

☞ 关键词：太阳　热核反应

太阳上的温度是怎样测定的

很久以前，俄国天文学家采拉斯基教授做了一个有趣的实验。他将一个直径 1 米的凹面镜对着太阳，这样，在凹面镜的焦点处，就得到了一个跟硬币一样大小的太阳像。当他把一片金属放在凹面镜的焦点上时，金属片很快就弯曲、熔化了。他发现焦点上的温度差不多有 3500℃！采拉斯基由此认为，太阳上的温度无论如何不会低于 3500℃。

采拉斯基的实验,不仅揭示了太阳温度之谜,同时也给人们提供了一个重要的启示:太阳的温度可以根据它的辐射求出来。

太阳不断地向它周围的空间发射光和热,但是直到 19 世纪初,人们还不清楚太阳所辐射的热量究竟有多少。19 世纪 30 年代,人们进行了第一次测量。结果表明:在地球大气边缘每平方厘米的面积上,每分钟从太阳接收了大约 8.15 焦耳的热能。这个量被称为"太阳常数"。

地球上得到的热能,仅仅是太阳总辐射的很小的一部分。太阳每秒钟向空间辐射的总能量大约有 380 亿亿亿焦耳。如果将这个数字除以太阳的表面面积,我们可以得到:太阳表面每平方厘米每秒钟辐射的能量大约为 6000 焦耳。

仅知道太阳表面的辐射量还不能决定太阳的温度,还须知道物体的总辐射和它的温度之间的关系。19 世纪中叶以前,人们还不知道这个关系,因此当时估计的太阳温度也不准确,有人说 1500 摄氏度,有人说 5 亿~10 亿摄氏度。

1879 年,奥地利物理学家斯特凡指出,物体的辐射与它的温度的四次方成正比。根据这一关系,以及测量得到的太阳辐射量,可以计算出太阳的表面温度约 6000℃。

太阳的温度还可以根据它的颜色估计出来。当一块金属在熔炉中加热时,随着温度的升高,它的颜色也不断地变化着:起初是暗红,以后变成鲜红、橙黄……因此当一个物体被加热时,它的每一种颜色都和一定的温度相对应。例如:

深红　　　　600℃

鲜红　　　　1000℃

橙黄　　　3000℃
黄白　　　6000℃
白色　　　12000～15000℃
蓝白　　　25000℃以上

太阳是金黄色的,考虑到地球大气层的吸收,与太阳的颜色相对应的温度也是6000℃左右。

应当指出,我们通常所说的太阳温度都是指太阳表面光球层的温度。至于太阳的中心,温度更高,大约有1500万摄氏度。

关键词: 太阳　　太阳常数　　太阳辐射　　太阳温度

什么是太阳元素

氦是地球上最轻的元素之一,仅次于氢。在化学元素周期表里它排列在第2位,符号是He。氦的英文单词是"Helium",来源于希腊文单词"Helios",意思是"太阳"。氦也被叫做"太阳元素"。

氦与太阳究竟有什么关系?

这得从1868年8月18日的一次日全食说起。当时,法国科学家詹森来到印度观测日全食,他发现在日珥的光谱中有一条明亮的黄线,不能与已知的其他元素光谱中的黄线对应起来。

第二天,他抱着忐忑不安的心情又一次去观测太阳,使他兴奋而又惊讶的是,那条陌生的黄线还在原来的位置上。于是,詹森立即给法国科学院写信,报告自己的发现。

英国科学家洛基尔在本土进行观测时,也发现了那条黄线。他于10月20日也给法国科学院写信报告自己的观测结果。

真是无巧不成书!两个关于同一件事的报告,在同一个时间到达法国科学院,并于10月26日同一天在会议上进行宣读。当时,黄线被认为是一种太阳所特有的地球上不存在的新元素,于是,人们就叫它Helium,即太阳元素。

太阳元素在地球上被找到,已经是27年以后的事了。

1895年2月,英国著名化学家雷姆塞正忙于测定化学元素氩的各项物理性质,氩是他上一年刚发现的,也是最早被发现的惰性元素。他的朋友善意地提醒他,过去有人在做钇铀矿的实验时,也曾得到过一些不助燃、又不自燃的气体,请他注意一下,这种气体是否就是氩。雷姆塞觉得朋友的提醒是很有道理的,当他用分光镜检查从钇铀矿得来的气体时,发现这根本不是氩,它的光谱里有一条明亮黄线和几条其他颜色的线,与氩的光谱线根本不一样。

雷姆塞起先以为这条不明身份的黄线是由钠元素发出的,可能是在实验时,不小心把盐(氯化钠)之类的东西混进去了。经过仔细检查和反复实验,那条黄线还在老地方。为了彻底弄清黄线的来龙去脉,他干脆把几粒钠盐放到盛有钇铀矿气体的玻璃管里去,看看表征钠盐的黄线会不会与先前的那条黄线重叠起来。结果,气体光谱里同时出现了代表钠的黄线和那条令人费解的黄线。

这时,雷姆塞想到了27年前詹森和洛基尔在太阳光谱中发现的那条黄线,难道地球上的钇铀矿里也有太阳元素?

116

经过大量实验验证，事情终于水落石出，太阳元素与钇铀矿里得来的气体，确确实实是同一种元素——氦。

👉 关键词： 氦　太阳元素

什么是太阳风

太阳也"吹风"，这就是太阳风。

太阳风的名称是20世纪50年代提出来的，关于它的可能存在，好几百年前就有人这么想了，直接证据就是彗星的尾巴。

在任何时候和任何情况下,彗星的尾巴总是背着太阳。换句话说,在彗星接近太阳时,好像是彗头在前拉着彗尾一起前进;在彗星离开太阳时,好像是彗尾在前拉着彗头一起离开太阳。彗尾总是冲着与太阳相反的方向延伸,根据这一现象,许多人相信,一定是太阳上在"吹风",将彗尾"吹"向背离太阳的方向。人们还进一步推测,太阳风是从太阳上辐射出的带电粒子。

20世纪50年代末,美国天文学家帕克正确地描述了来自太阳的这股"风"。他认为:太阳大气的最外层——日冕没有明确的边界,而是处于持续不断的膨胀状态,使得高温低密度的粒子流,高速而稳定地"吹"向四面八方。

几年之后,利用人造地球卫星等所作的观测,完全证实了太阳风的存在。这股"风"可以一直吹到我们地球,在地球轨道附近,人们测得的太阳风的速度为450千米/秒左右。在太阳活动较强时,其速度还会成倍地增加。太阳风是股极为稀薄的风,比地球实验室所能制造的真空还要"真空"得多。

速度那么大的太阳风能"吹"多远呢?

考虑了空间各种物质成分对它的可能影响之后,科学家推算出它大致会"吹"到25～50个天文单位(1天文单位约为1.5亿千米),也许还更远些。

太阳风对研究行星磁层中出现的各种物理过程、行星际磁场的结构,特别是地磁扰动等现象,是一个非常重要的因素,只是现在对太阳风的观测和研究还很不够,对它本质的了解还需做大量的工作。

☞ 关键词: 太阳风 彗尾

什么是太阳黑子

光辉的太阳表面,常常会出现黑色的斑点——黑子。在风沙蔽日、阳光减弱的日子里,甚至用肉眼就能看见。

世界上公认的最早有关黑子的记录,记载在我国史册《汉书·五行志》中。这是公元前28年5月10日观测到的一次大黑子。这要比欧洲人发现黑子早800多年。

黑子实际上是太阳表面上的风暴,是一个巨大的旋涡状气流。一个发展完全的黑子,有个较暗的近似圆形的中央核,叫"本影";它的外面绕着一圈较亮的纤维状的影子,叫"半影"。

黑子其实并不黑,温度在4500℃左右,比沸腾的钢水还要热得多。因为它比周围6000℃的高温低了1500℃左右,相比之下,看起来就像是黑色的斑点。小黑子的直径在1000千米上下,大黑子特别是黑子群,直径可达10万千米以上。

人们发现,太阳上黑子出现的多少有一定的规律:黑子的数目逐年增加,增加到极

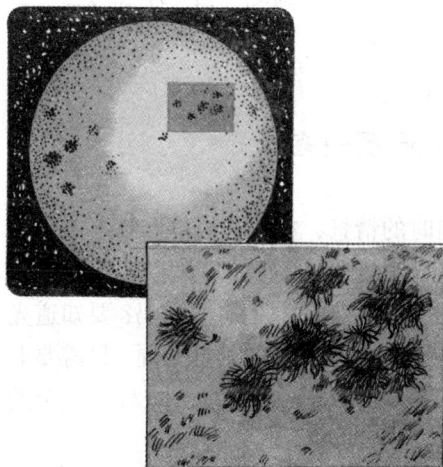

大以后，又一年年减小，从黑子数极小年到下一个黑子数极小年的平均时间间隔约11年，称为一个太阳活动周期。太阳黑子出现的多少，已被认为是太阳活动强弱的标志。

太阳黑子还有一个明显的特征，就是黑子在日面上的分布绝大多数出现在太阳赤道两侧 8°~35°的范围内。

早在 1908 年，美国天文学家海耳发明了一种观测和测量太阳黑子磁场的方法。用这种方法，海耳等人发现黑子普遍具有比较强的磁场，有趣的是，黑子磁场的磁性有着复杂而规律的变化，变化周期是 22 年。这一发现被后来的许多观测所证实。

海耳等人根据对黑子磁场极性变化的观测结果，于 1919 年提出太阳黑子活动的完整周期应是 11 年的 2 倍，即 22 年。它常被称为"磁极转换周期"，简称"磁周期"，或叫它"海耳定律"。

关键词：太阳黑子　太阳活动周期　海耳定律

太阳系有多大

也许你看见过日出时的情景，在你迎接早晨第一束阳光的时候，你是否知道，它从太阳照射到我们地球，已经"跑"了 8 分 20 秒了。你能想象得出太阳离我们有多远吗？要知道光线每秒钟可跑 30 万千米呢，它沿赤道绕地球一周，只需要七分之一秒！地球到太阳的平均距离是 1.5 亿千米（称为一个天文单位）。

可是，从距离远近上来说，地球还只是太阳的第三颗行星。九大行星中离太阳最远的是冥王星，它到太阳的平均距离大约是地球到太阳距离的40倍。所以，光线横贯冥王星的轨道差不多需要从早到晚一天的工夫。这个范围够大了吧？可是，冥王星的轨道还不能算是太阳系的边界。事实上，太阳系里还有一些天体，在它们远离太阳的时候，通常会大大地超出冥王星的轨道，这就是彗星。有些彗星的轨道形状扁得出奇，要经过几百年、几千年甚至更长时间之后，才能回来一次，这样算来，它们离太阳的距离就可能会超过几千亿千米。

20世纪50年代，荷兰天文学家奥尔特提出，在太阳系的外围，大约离太阳15万天文单位的地方，有一个近乎均匀的球层结构，其中有大量的原始彗星，这个球层就被称为"奥尔特云"。究竟有没有所谓的"奥尔特云"，还有待于天文学家们作进一步研究。不过，即使我们将"奥尔特云"的范围作为太阳

系的大小，整个太阳系与我们所处的银河系比起来，就像是海滩上的一粒沙子。而银河系在茫茫宇宙中，充其量也只能算是大海中的一个毫不起眼的小岛！

关键词：太阳系　奥尔特云

太阳系大家庭里有哪些主要成员

太阳系家族是由太阳、九大行星、几十颗卫星、成千上万颗小行星和为数众多的彗星、数不清的流星体以及充满太阳系空间的行星际物质等构成的天体系统。

太阳系疆域极为辽阔。如以冥王星作为太阳系边界的话，它到太阳的距离是40天文单位，约合60亿千米。假如乘坐时速1500千米的高速飞机，从太阳到冥王星要连续飞行457年！

太阳是太阳系的中心天体，太阳系所有的成员都围绕着太阳旋转。

九大行星距离太阳由近及远的顺序是：水星、金星、地球、火星、木星、土星、天王星、海王星和冥王星。木星个头最大，是行星中的"老大哥"。而冥王星最小，是行星中的"小弟弟"。除水星和金星以外，另外七颗行星都有自己的卫星。卫星中以土卫六直径最大，约5800千米，比水星还大。

第一次发现小行星是在19世纪第一年的元旦之夜。到现在，已有8000多颗小行星正式注册编号。其实，小行星数量远不止这些，估计总数超过50万颗。

彗星是太阳系中形状最为奇特、多变的一员。接近太阳时，彗头直径有的大到 10 万千米以上，彗尾更是长达上千万千米甚至更长，真是一个庞然大物，然而它的平均密度竟比人造真空还低得多。有人估计，太阳系中彗星总数不下 10 亿颗，不过每年能用望远镜看到的只有几颗或十几颗。

流星体平常看不见，只有当它们闯入地球大气层时，与大气摩擦并燃烧，就在天空中留下了一道耀眼的亮光，这就是我们看到的流星。每年落到地面的没有燃尽的流星体不下 20 万吨，绝大多数只有针尖般大小，有些质量较大的流星体，没烧完就落下来，这就是陨星。

行星际物质极为稀薄，它们大多集中在黄道面附近，从而形成黄道光（日出前或日落后，出现在黄道两边锥体状的微弱光芒）和对日照（在低纬度和高山地区，有时在背太阳的天空，

可以看到的一个椭圆的亮斑)等天文现象。

关键词: 太阳系　行星　小行星
　　　　彗星　流星体　行星际物质

行星是怎样绕太阳转的

波兰天文学家哥白尼在他的不朽名著《天体运行论》中,准确地解决了一个长期争论的问题:地球与行星都无例外地绕太阳公转,而不是太阳与行星围着地球转。

行星究竟是怎样绕太阳公转的呢? 限于当时的科学技术水平,哥白尼没有能准确解答这个问题。

又经过半个多世纪,在丹麦天文学家第谷大量精确观测资料的基础上,德国天文学家开普勒用三条定律,准确地描述了行星运动,它们被称为"开普勒定律"或"行星运动三定律"。

行星绕太阳的公转轨道都呈椭圆形, 椭圆的偏心率则有所不同,太阳处在椭圆两个焦点中的一个上。这就是开普勒定律中的第一定律,即轨道定律。

开普勒定律的第二定律是这么说的:在相等的时间内,行星中心与太阳中心的连线所扫过的面积相等。这又称为面积定律。根据面积定律,行星在轨道近日点附近比在远日点附近运动得更快些。

轨道定律和面积定律是开普勒于 1609 年同时发表在他的《新天文学》一书中。10 年之后, 即 1619 年, 开普勒在其新

开普勒

开普勒第一定律

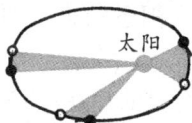
开普勒第二定律

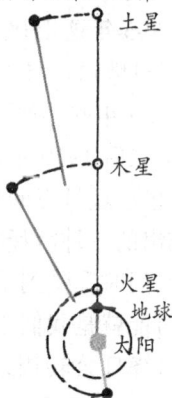
开普勒第三定律

著《宇宙谐和论》中，发表了他经过长期探索而发现的第三定律：行星公转周期（T）的平方与它们到太阳的平均距离（R）的立方成正比。

第三定律又称为调和定律。如果用 T_1 和 T_2 分别表示两颗行星的公转周期；R_1 和 R_2 分别表示它们与太阳的平均距离，则用数学方式可以表达为：

$$\frac{T_1^2}{T_2^2} = \frac{R_1^3}{R_2^3}$$

开普勒对于自己能找到第三定律是十分满意的，他曾以喜悦的心情说道：这正是我 16 年前就开始希望探寻的东西。

行星运动三定律有着很重要的意义，不仅是行星都遵守着规则，行星的卫星也不例外。第三定律更是庄严地宣告：太阳系天体的公转周期和到太阳的距离，并非随意的，也不是偶然的,而是有着严密秩序的一个整体。

关键词:**行星** **开普勒定律** **公转**

太阳系中还有第十颗大行星吗

我们知道太阳系有九大行星,可是长期以来,天文学家都被这样一个问题所困扰,那就是:天王星和海王星的实际运行轨道与计算出的轨道位置不相符。虽然,后来人们又在海王星之外发现了冥王星,但冥王星的质量实在太小,不可能由它来解释天王星和海王星的运行轨道问题。一些天文学家由此相信,冥王星之外还存在着质量更大的太阳系的第十颗大行星。

多少年来,从未有人断然否定冥外行星的存在,却是有越来越多的人,从不同角度提出了它存在的可能性。

有人计算了从 1835 年倒推到公元 295 年这 1500 多年间哈雷彗星的运行轨道,结果发现,彗星经过轨道近日点的实际日期与理论计算值之间有明显差异。1835 年的那次,实际日期就比理论推算出的日期推迟了 3 天;之后 1910 年回归时,又推迟了 3 天。科学家们发现,哈雷彗星过近日点的日期,似乎是以 500 年为周期而变化的。对此作出的一种解释是:当彗星运行到其轨道远日点附近的太阳系空间时,受到了某种未知天体的摄动影响,而这未知天体很可能就是我们正在寻找的那颗冥外行星,这颗未知新行星的绕日公转周期约 500 年。

1950 年，有人在计算遥远彗星运动轨道时，认为在冥王星以外应该有一颗大行星，这颗大行星与太阳的距离是 77 天文单位。可惜的是，天文学家们用望远镜在遥远的天空搜索了几年，也没有找到这颗大行星的踪迹。

值得一提的是，冥王星的发现者天文学家汤博，对于寻找冥王星外行星也很感兴趣，他曾花了 14 年的时间搜寻冥外行星，仔细核查了 70% 以上新行星有可能出现的天区，但是一无所获。

另一方面，天文学家也曾怀疑在水星轨道之内是否存在绕太阳运行的行星，即所谓"水内行星"。由于即使存在有"水内行星"，但因离太阳太近而很难观测，迄今为止也没有任何发现。

太阳系中究竟有没有第十颗大行星，今天，谁也无法肯定地下结论。

关键词：冥外行星　水内行星

太阳系中哪些行星有自己的卫星

月球，是地球唯一的天然卫星，是人类早已认识到的天体。那么，太阳系的其他行星有没有自己的卫星呢？有关这方面的观测研究从 17 世纪初才开始。

1610 年 1 月，意大利科学家伽利略首次用自制的望远镜观测木星时，发现了木星的 4 颗卫星。从那时到 19 世纪末，科学家发现太阳系的 6 颗大行星总共带有 21 颗卫星。

到 1998 年底，卫星家族的"成员"已扩展到了 66 颗，也就是：地球有 1 颗卫星，火星有 2 颗，木星有 16 颗，土星有 18 颗，天王星有 20 颗，海王星有 8 颗，冥王星有 1 颗。只有金星和水星至今没有发现拥有自己的卫星。在 20 世纪 70 年代，科学家就曾发射空间探测器飞临金星和水星，企图寻找它们的卫星，但始终没有找到。

大行星拥有卫星已是司空见惯，但在 1978 年，天文学家惊讶地发现，一颗名叫"大力神"的小行星也有自己的卫星。这颗小行星个头不算很大，直径只有 243 千米，它的卫星的直径被测定为 45.6 千米，是小行星直径的 19%，两者之间的距离为 977 千米。

也是在 1978 年，直径 135 千米的"梅菠蔓"小行星周围，也发现了卫星，卫星的直径达 37 千米。

小行星卫星接二连三地被发现，促使科学家们又重新查看起那些已束之高阁的观测资料，看看能不能找到有关小行星卫星的蛛丝马迹。

现在，已证实拥有卫星的小行星不下数 10 颗。有人甚至还认为某些小行星有 1 颗以上的卫星。

小行星的个儿本来都不大，它们的卫星更是如此，太阳系中的这些小字辈却为科学家开辟了一个颇为广阔的研究领域。

👉 关键词：行星　卫星　小行星

为什么金星表面温度特别高

金星离太阳比地球近 30% 左右，它表面温度应该比地球高些，这是完全可以预料和理解的。可是，当科学家们通过观测发现金星表面温度竟高达 465 ~ 485℃ 的时候，也感到有点惊讶。

什么原因使得金星表面温度如此高呢？

金星有着浓密的大气层，它阻挡我们直接看到它的表面。只是在空间探测器接二连三地对金星大气层和表面进行现场考察之后，它才逐渐揭开了自己的面纱，为我们透露了一些秘密。

金星云层

现在已经知道，金星大气中二氧化碳的含量达到难以想象的程度，在97%以上。大气低层的二氧化碳含量还要高些，达99%，几乎全是二氧化碳了。而我们地球表面附近的大气层中只含有约0.03%的二氧化碳，与金星比起来，实在太微不足道了。此外，金星大气中还有少量的氮、氩、一氧化碳、水蒸气等。

就在离金星表面三四十千米高空的大气层里，存在着很厚的浓云密雾。更加令人惊奇的是，这层浓云竟是由雾滴状的浓硫酸组成的。在地球上，硫酸是重要的化工产品，想不到它在金星上竟然是大量存在的天然产品。

金星大气可以反射约76%的太阳光，这使得金星在天空中显得特别明亮。其余24%的太阳光穿过金星大气，照射到金星地面，本来的情况应该是，照射到金星地面的24%太阳光中，有一部分会从地面返回太空，可是，金星大气层中浓密的二氧化碳却起了阻碍作用，就像给金星盖了一床大棉被。太阳辐射的热量在金星表面附近越积越多，温度也越来越高，达到了现在难以想象的程度，产生所谓的"温室效应"。

地球大气层中的二氧化碳含量尽管不多，但是，地球上每时每刻产生出来的二氧化碳可不少，如果长此以往而不采取有效的措施，后果将会是非常严重的。地球上的温室效应已经成为一个重要的环境问题，金星无异给人类上了严肃的一课，提出了警告。

关键词：金星　金星大气　温室效应　二氧化碳

为什么火星看上去是红色的

火星,似火一般在夜空发出火红色的光芒。从望远镜中看去,火星宛若一团燃烧的火球。这一现象曾一直使古人迷惑难解,因此在中国古代,人们把这颗火红的星星称为"荧惑"。荧就是荧荧似火的意思。

那么,火星为什么会呈火红色呢?

大家知道,火星是太阳系九大行星之一,行星是不会发光的,我们所看到火星火红的颜色是它反射太阳光的结果。

据研究,火星表面的岩石含有较多的铁质。当这些岩石受到风化作用而成为砂尘时,其中的铁质也被氧化成为红色的氧化铁。由于火星表面非常干燥,没有液态水的存在,这使火星上的砂尘,极易在风的驱动下到处飞扬,甚至发展成覆盖全球的尘暴。1971 年,当"水手 9 号"空间探测器飞临火星上空时,就曾观测到一次巨大的尘暴,尘暴先是从南半球开始,然后扩展到北半球,把整个行星都笼罩在尘埃之中。尘暴持续了几个月之久,大气中的砂尘才逐渐沉落,使火星表面恢复原来的状况。正是这种反复发作的尘暴,使火星表面几乎到处都覆盖着厚厚的氧化铁砂尘,结果火星表面便呈现出红色的面貌。在太阳光的照射下,火星在夜空中荧荧似火,发出火红色的光芒。

关键词: 火星　火星尘暴　氧化铁

131

为什么火星上会出现"大风暴"

火星是一颗明亮的红色行星,中国古代称之为"荧惑"。同地球一样,火星也有大气层,但不同的是,火星大气层很稀薄。当年,"海盗号"探测器的登陆器登临火星时,直接测量出火星表面的平均气压还不到地球海平面处大气压的1%。火星大气的主要成分是二氧化碳,占95.3%,其次是氮气,占2.7%。火星大气中水的含量只是地球大气中水含量的千分之一。火星上也有诸如云、风暴等大气现象。

火星上经常发生风暴,这主要是大气环流造成的。当火星表面的风速较大,达到50~100米/秒时,就会带起尘埃和沙粒,产生尘暴。尘暴是火星大气特有的现象。典型尘暴中的微粒绝大部分直径在10微米左右,一些更小的微粒可以被风吹到50千米的高空。尘暴的起因可能与太阳对大气的加热有关。大气受热后,因温差引起不稳定,因而扬起尘埃。尘埃到达空中,可以吸收更多的热量,使热气流迅速上升。这时,冷空气过来填补它的位置,使风力加强,尘暴的范围变广。在一些风速较大的地区,如靠近极冠的区域(这里温差较大)及高地区域,更加容易发生尘暴。

尘埃风暴经常有几百千米的范围。尘暴此起彼伏,每个火星年(686.98天)大约发生上百次。有时几个尘暴会联合起来,把大量尘粒卷到30千米的空中,发展成为全球性的大尘暴,可以持续几个星期,剧烈时可以持续几个月之久。在此之后,温差减小,尘暴逐渐平息。1970~1980年间就发生过5次大尘暴。这种大尘暴的规模之大,在地球上用较大的望远镜就可以看到。

宇宙飞船还在火星上拍摄到火星的气旋风暴，这种风暴类似于地球上的飓风，范围很大，高度可达 6～7 千米。

关键词：火星　火星大气　火星尘暴

火星上有运河吗

1877 年，天文观测技术已有了较大的进步。这一年也正是火星最接近地球所谓"大冲"的时候，意大利天文学家斯基帕雷利，想利用这个机会画一张火星地图。结果他发现，火星上有一片片颜色较暗的区域，像是海，还有一条条暗线，好像从这个海通向另一个海，或是相互汇合成一条。这是什么？难道是河流？但河流不会从一个海通向另一个海。于是斯基帕雷利大胆猜测，说它是火星上智慧生物开凿出来的"运河"。

斯基帕雷利的发现公布以后，立即引起了人们的极大兴趣。因为早在斯基帕雷利之前，人们就曾对揭示地球之外的其他行星上是否存在生命，充满了热切的期望。就在不久之前的 30 年代里，"月亮人"之说还曾风行一时。斯基帕雷利的发现，无疑就为这已经冷却了的外星人说，重新点燃了熊熊的火焰。因此，这一发现不仅立刻在大文学界掀起了观测火星的高潮，许多爱好者也都加入了观测火星的行列。

一位热心的美国人洛威尔，还建立了一个火星天文台，专门进行对火星的观测。经过一段时间的观测后，他把火星上"运河"的数目从早先的 130 条增加到 700 多条。火星上真有那么多运河吗？它们到底能派什么用场呢？一些人设想，火星上的智慧生物"火星人"，开掘出这么多的运河，是为了将两极熔化的冰雪引入低纬度地区，灌溉那里干旱的不毛之地。

然而，就是在最热衷于观测火星运河的岁月里，人们也发现不同的观测者所画出的火星运河是不一样的，不仅条数不同，就连运河的走向、形态也各不相同。这是为什么呢？人们为此还展开了激烈的争论，但始终未能获得一致的意见。

那么火星上是否真的有"运河"呢？随着天文观测技术的发展，高分辨率望远镜的使用，人们终于发现那些被称为"运河"的暗带，实际上是由许多大小不一、各个独立的陨星坑组成的。在分辨率不高的情况下，由于人们的视觉错误，才把它们连成了一线。正由于它们不是实际存在的线，而是由点连接

而成的,所以不同的观测者才会凭各人主观的视觉差异,画出不同的线条。

近代,人类又发射了空间探测器,对火星进行更进一步的观测和研究。探测器从火星上空近距离拍摄了大量火星照片,科学家通过对这些照片的分析和研究,彻底否定了火星运河的存在。火星是一个荒芜的遍地布满砂尘和石砾的世界,那里不仅没有任何智慧生物的踪迹,也没有观察到点滴液态水,当然更不会有人工开凿的运河。虽然,火星表面存在着一些纵横交叉干涸的河床,但那是自然作用的产物,与人工运河无关。

关键词:火星 火星运河

火星上有生命吗

火星,是一颗在某些方面与地球十分相似的天体。在太阳系里,它距太阳的距离为 1.5 天文单位,仅比地球距太阳 1 天文单位远 50%,火星表面温度大约在 20 ～ −140℃之间。火星自转一周的时间是 24 小时 37 分 22 秒,只比地球自转周期长 40 分钟左右。火星赤道面与公转轨道面斜交成 23°59′角,与地球的情况(黄赤交角为 23°27′)很相近,因而也有四季变化。火星绕太阳公转一圈的时间为 687 天,不到 2 个地球年。火星也有大气,虽然非常稀薄,只有地球的 1%,而且主要由二氧化碳组成(占 95%),但人们通过实验知道,有些低等生物是可以在这种环境下生存的。

正由于火星具有这些与地球相似的条件,100 多年来,人们一直对火星可能拥有生命寄托着巨大希望。特别是 19 世纪末，所谓火星"运河"的发现，更使许多人相信，火星上可能居住着具有智慧的高等生物。一直到 20 世纪 50 年代，许多人仍对火星人的存在坚信不疑。1959 年，就在人类已经发射人造卫星之后，一个具有相当权威的前苏联天文学家什克洛夫斯基，还向全世界宣布：根据他的研究，火星的两颗卫星其实是比我们更先进的火星人发射的"火星人造卫星"。然而，随着空间探测器的发展，使人们有可能在较近的距离对火星进行观测。人们发现，火星的两颗卫星都是不折不扣的石质天体，火星上也根本不存在什么人工开凿的运河，更没有任何智慧生物的踪迹，甚至连肉眼可以分辨的生物都没有发现。

尽管这样，人们仍然没有完全死心，大一点的生物没有，但却不能据此认定那里也没有微生物。因此，1976 年，当人们派遣的"海盗号"探测器的登陆器在火星上登陆时，就肩负着寻找火星生命的任务。人们为此设计了三项特殊的实验：一是探查有无以光合作用为基础的物质交换；二是仿效地球上的物质交换，以澄清土壤中有无微生物；三是测量生物与周围环境所发生的气体交换。这些实验的结果既不能证实也不能否定火星生命

想象中的火星人

的存在。因此火星究竟有没有生命，仍然是一个谜。

令人兴奋的是，不久前，1996年秋，美国宇航局宣布，他们从采自南极的一块来自火星的陨石上，发现含有微生物的遗迹。据研究，这块陨石是大约40亿～45亿年前形成的，并可能是在1600万年前因一次火山爆发，而从火星抛掷到太空中去，然后在太空中又流浪了近1000万年左右，于1.3万年前坠落到地球南极的冰原上。

同时，科学家又谨慎地指出，所谓含有微生物的遗迹也可能来自地球物质的污染。再说，即使这块来自火星的陨石的确含有微生物，那它也只代表火星早期的情况，不能证明现在的火星有没有生命。所以，火星生命之谜依然没有揭晓。

☞ 关键词：火星　火星生命

为什么说木卫二上可能有生命

1979年3月，当美国发射的"旅行者号"空间探测器飞越木星近空时，曾经意外地发现木星的第二颗卫星——木卫二具有非常奇特而与众不同的外貌，它并不是像许多固态天体那样，有着千疮百孔的陨星撞击坑，而是分布着许许多多纵横交叉犹如一大堆乱麻般的条纹。这是什么？

经过进一步研究，人们终于明白，原来木卫二有一个由厚厚的冰层构成的外壳，而这些纵横交叉的条纹便是冰壳反复破裂形成的裂缝。这些裂缝有的宽数10千米，长达上千千米，深100～200米。更有意思的是，人们还注意到，这些乱麻般交叉的裂缝具有褐色的基调，与其周围颜色较浅的部分相比，显得格外分明。对这种褐色物质所作的光谱分析表明，它们很可能是有机化合物的反映。大家知道，生命是由有机物组成的。木卫二冰壳裂缝周围可能存在着有机物，使人们对在那里可能存在生命充满了期望。

更令人兴奋的是，一项来自地球本身的发现，也大大鼓舞着人们在木卫二上找到生命的信心。原来，在地球南极有一些常年冰封的湖泊，极地微弱的阳光在透过上部厚厚的冰层以后，到达湖底的阳光已是微乎其微。然而，当人们潜入这冰冷的黝暗的湖底时，却意外地发现那里生活着一大片蓝绿藻，它们就靠那微弱的阳光生活。木卫二尽管离太阳远、温度低、阳光弱，但并不比南极冰湖下的环境差。而且由于自转和公转耦合的关系，它有长达60小时的白昼。因此，在木卫二上，一些冰壳裂缝刚刚破裂开来的地方，就有可能接受到较充足的阳

"旅行者1号"探测木星

光,从而使生命有可能在那里繁殖生存。一直到若干年后,当裂缝重新为厚厚的冰层所覆盖,生命也将暂时潜伏起来,等待另一次机会。

当然,以上所述只是一种推测,木卫二究竟有没有生命,还要等待人们去实地考察。

关键词: 木卫二

139

土星的光环究竟是什么

土星是一颗美丽的行星。它的赤道外面围着一圈明亮的光环，好像一个人戴了一顶宽边大草帽。在太阳系里，木星和天王星虽然也有光环，但却不如土星光环那么明亮和引人注目。

早在1610年，伽利略用他自制的望远镜观测土星时，就察觉到土星旁边似乎有些异样的东西，仿佛土星长了两个耳朵。差不多50年后，荷兰天文学家惠更斯用更先进的望远镜观测土星，才证实了它实际上拥有一个又薄又平的光环。

起先，人们以为土星光环是一整块的。直到19世纪中叶才通过观测认识到，土星的光环是由无数小碎块组成的，它们是些直径几厘米到几米的冰块和砂砾，走马灯似的围绕土星旋转着。土星的光环很薄，厚度只有10千米左右，但却非常宽，足以把我们的地球放在这个环上滚动，就像篮球在人行道上滚动一样。

从望远镜中看去，土星的光环光洁而平滑。然而，空间探测器发回的照片，却为我们揭示了光环复杂结构的真面貌。1980年11月，当"旅行者1号"空间探测器飞越土星时，拍摄到了极其清晰的土星光环照片，使人类第一次看清了土星光环的细微构造。原来，土星光环是由不计其数的明暗相间的细环组成，看上去就像密纹唱片上的波纹一样。

从地球上看，土星光环不但明亮、美丽，它的形状还在不断地变化。有几年土星像戴顶宽边草帽，而过几年这个光环居然会消失得无影无踪。对于这个现象，惠更斯早就作出了正确

的解释。原来土星在运动过程中,它的光环常常以不同的角度朝向我们，当它的侧边恰好对着我们地球的时候，从地球看去，那薄薄的光环便不见了。大约每隔 15 年，土星的光环就会"消失"一次。例如,1950～1951 年和 1965～1966 年，土星光环就曾从人们的视线中消失过。

关键词：**土星　土星光环**

为什么说海王星是在数学家
的笔尖下发现的

直到 200 多年前,人们还以为太阳系里只有 6 颗大行星,土星便是离太阳最远的一颗行星了。一直到 1781 年 3 月,才由威廉·赫歇尔用自制的望远镜发现了一个太阳系家族的新成员,那就是天王星。

天王星被发现后,人们都想一睹为快,掀起了一股观测天王星的热潮。时隔不久,天文学家就发现,地球的这位"新兄弟"是一个性格很别扭的行星,别的大行星都准确地遵循着由牛顿万有引力定律推算出的轨道绕太阳运行,唯有天王星显得有点不安分,时时会有"越轨"的现象。天文学家设想,在天王星的外面,一定还有一颗未被发现的行星,正是这颗尚未露面的行星的引力,"扰乱"了天王星的轨道。

这颗未知的行星既然比天王星还要遥远,它的光亮一定非常微弱,在茫茫星空中要找到它无疑像大海捞针,涉及的未知因素太多,难度极大。然而,"初生牛犊不怕虎",19 世纪 40 年代,有两个年轻人几乎同时攻克了这道难关。他们没有使用最先进的天文望远镜,而只用笔和纸就找到了这颗遥远的行星。他们就是法国的勒维耶和英国的亚当斯。

1845 年 10 月,26 岁的英国剑桥大学学生亚当斯,经过整整两年艰苦的运算,首先得到结果,算出了那颗未知行星的空间轨迹,并马上把结果送到英国格林尼治皇家天文台台长艾里的手中。可惜,亚当斯时运不济,这项里程碑式的工作并未得到权威的充分重视,论文被束之高阁,没有及时地加以观测验证。

　　相比之下，法国人勒维耶则幸运得多。1846年8月底，这位36岁的年轻人也完成了计算。他把计算结果分别寄送给欧洲大陆的几个天文台，请求他们帮助进行观测验证。9月下旬，德国柏林天文台的天文学家加勒在收到信的当晚，便在勒维耶所指的天空位置上找到了这颗新行星。后来人们用希腊神话中大海之神的名字命名了这颗行星，中文就叫"海王星"。

　　海王星的发现，生动地证实了开普勒定律和牛顿万有引力定律的正确性，体现出科学理论预言未知事物的无比威力。正如一位科学家所说："除了一支笔、一瓶墨水和一些纸张外，再不需任何仪器就预言了一个未知的遥远星球，这样的事

情无论什么时候都是极其引人入胜的。"

勒维耶和亚当斯从笔尖下发现了海王星，他们的名字被永远列入天文学的史册之中。

关键词：海王星　天王星

冥王星究竟算不算太阳系的大行星

1930年，汤博发现了冥王星。但这一发现，长期来一直有较大的争议。除了它的实际轨道与预测的有差距外，关于冥王星身世争议的焦点，关键还在于它的质量和大小。

在冥王星发现后不久，1936年，天文学家黑特顿和库珀就提出，冥王星不能算是太阳系的大行星，只不过是海王星的一颗逃逸掉的卫星而已。根据他们的看法，冥王星及海卫一原先都是绕海王星顺向转动的卫星。在一次偶然的机会里，这两颗卫星离得比较接近，在相互引力作用下，海卫一变为逆行卫星，而冥王星获得额外的速度，离开海王星成为绕太阳运转的第九颗行星。根据当时的推算，冥王星的质量大于海卫一，因此这种看法，在一段时间内为不少人所接受。

最初，人们估算出的冥王星的直径为6000千米。后来，利用冥王星掩星时的观测，测出其上限为6800千米。1979年，利用斑点干涉仪这一新技术，测出它的直径为3000～3600千米，比月球还小。1990年，用空间望远镜测量冥王星及冥卫系统，得出冥王星直径为2284千米，冥王星的卫星为1192千米。至于冥王星的质量，随着科技的进步，也测出越来越精确的数据。在冥王星未发现以前，根据天王星及海王星的轨道观测，预告存在着一颗摄动天体，它的质量可达地球质量的 6.6 倍。发现冥王星后，1930～1940 年，人们测出冥王星的质量与地球相同。

1978 年发现了冥王星的卫星，关于冥王星质量的测定，又上了一个台阶，精度大为提高，这时测得的冥王星的质量只有地球质量的 0.0015～0.0024 倍，密度为 0.3～2.5 克/厘米³。这么小的质量，怎么能使海卫一的运动方向从顺行改变为逆行呢？因此黑特顿和库珀的看法是不正确的。当然冥王星的出身，还有其他说法，比如有人认为，冥王星是海王星的一颗卫星，而海卫一是一颗形成于太阳系内部、岩石型的类似于小行星的天体，它与另一颗小行星碰撞，形成了偏心率很大的轨道，跑到海王星系统内，把冥王星从海王星系统内驱逐出去，而它自己却变成逆行卫星，冥王星的卫星也是在这次事件中，从冥王星本体撕裂出去的。

就目前来看，尽管冥王星过去是不是海王星的卫星尚无定论，但现在绕太阳公转的观测事实说明它肯定是一颗行星，由于它的质量和大小都比其他大行星小得多，有的天文学家愿意把它归入小行星一类，不过，最大的小行星谷神星的直径不到 1000 千米，又比冥王星小得多，大多数天文学家仍然认为冥王星应归属太阳系大行星之列。

☞ 关键词：**冥王星**

环形山是月球的特产吗

300 多年前，当天文学家通过望远镜第一次看到月球上的环形山时，简直不敢相信自己的眼睛，难道这就是那如美玉般光洁的月亮吗？近代的空间探索发现，环形山并非是月球的"特产"，而是几乎遍布所有具有固体表面的行星和卫星上。

从空间探测器传回来的照片可以看出，水星和月球差不多，那里重叠交错地密布着大量的环形山。金星上也隐约可见环形山，但与月球相比要稀疏多了。火星和它的两个卫星上也有环形山。在火星上，满目坑穴的地段几乎占它整个表面的一半。木星的卫星差不多都是一副瘢痕累累的面孔，尤其是木卫四的表面，环形山密度之高完全可以与水星和月球媲美。土星以及天王星的卫星上，也都程度不同地存在着环形山。

我们居住的地球也不例外。人们利用人造卫星等先进手段，在地球上已经发现了 100 多个环形山状的坑穴。

关于环形山的由来，许多学者各持己见。科学家经过对月球实地考察后发现，月球环形山周围的多层同心环壁，从环形山向四周呈辐射状分布，还有成串的环形山以及环形山凹地中央的山丘等，都是被陨星体撞击的明显特征，因此也是撞击成因的明证。有的环形山外形很像火山喷火口，月球上还分布着大量火山喷发留下的熔岩，这些可以作为火山成因的证据。目前，对月球环形山成因的看法，已基本上趋于一致：绝大多数环形山为陨星撞击而成，少数环形山是火山喷发的遗迹。

关键词：**环形山**

小行星是怎样发现的

科学家在研究太阳系里各个行星的轨道时，发现了一件有趣的事，他们发觉，行星并不是随随便便散居在太空中的，而是像"玩"数学游戏似的有规律地分布在太阳的周围。游戏规则是什么呢？

取一列数字：

3　　6　　12　　24　　48　　96　　…

其中每一个数恰好是前一个数的 2 倍；在这一列数字的最前面添个 0，然后给每个数都加上 4，就得到另一列数字：

4　　7　　10　　16　　28　　52　　100　　…

再将这些数都除以 10，就得到用天文单位表示的各个行星与太阳的平均距离：

0.4　　0.7　　1.0　　1.6　　2.8　　5.2　　10.0　　…

水星　金星　地球　火星　？　　木星　土星……

这是德国天文学家波得研究了提丢斯的发现，公布了这个定则，被称为"提丢斯—波得"定则。

根据"提丢斯—波得"定则，火星和木星的轨道之间应该还有一颗行星，它"躲"到哪儿去了呢？许多天文学家都把望远镜指向那一片太空。

1801 年 1 月 1 日夜里，这个"躲"着的行星，终于被一位意大利的天文学家皮亚齐"捉"着了。人们给这个新行星起个名字，叫做谷神星。

发现了期望中的新行星，天文学家们一面感到很高兴，一面也感到有些失望。因为这个行星小得出奇，直径只有 770 千米,还不到月亮直径的四分之一。它只能算是一个很小的行星——小行星。

大约过了一年的时间,1802年,业余天文爱好者德国医生奥伯斯,又发现了第二颗小行星——智神星。智神星比谷神星还要小,它的直径还不到500千米。

当智神星发现的时候,这的确使当时的天文学家感到惊异。因为他们原来只想找到一颗行星,而现在却找着了一双。会不会有第三颗、第四颗小行星呢?

事实也正如人们所猜测的那样,两年后的1804年,人们又发现了第三颗小行星——婚神星;1807年,又发现了第四颗小行星——灶神星;后来又发现了第五颗、第六颗小行星……在整个19世纪,天文学家发现的小行星在400颗以上。到了20世纪,小行星的发现越来越频繁了。为了观测和研究起来方便,人们给这些已发现的小行星一一加以编号。到目前为止,像这样已经注册编号的小行星就有8000多颗。但是,应该说已经发现的小行星还只是所有小行星中的少数,科学家大致估算了一下,小行星总数在50万颗左右。

小行星除了最初发现的几颗以外,都小极了,它们的直径大都只有几百米到几十千米,亮度也不大。在这些小行星中,只有第4号小行星"灶神星"可以用肉眼看到。有人估计过,全部小行星的总质量,大约不会多于地球质量的万分之四。

我们知道,大行星的形状都是近乎圆球形的。但是,小行星的形状却非常不规则。这些奇形怪状的小不点,也像九大行星那样,一刻不停地绕着太阳转圈圈呢。

关键词: **小行星　提丢斯—波得定则**

为什么太阳系中会有
那么多小行星

太阳系里有什么？一位天文学家曾巧妙地回答说："一小簇大行星，一大簇小行星。"这句话的确抓住了问题的核心。太阳系已经发现的大行星只有9颗，而从1801年发现第一颗小行星，到20世纪90年代末，已登记在册和编了号的小行星已超过8000颗，还有更多的小行星有待进一步的证实。

大行星的这些"小兄弟"究竟有多少呢？据统计，总数当在50万颗左右。其中的绝大多数都在火星与木星轨道之间运行，与太阳的距离集中在2.06～3.65天文单位。太阳系的这部分区域被称为"小行星带"。

为什么在火星和木星轨道之间，聚集着那么多小行星呢？

这个问题摆在天文学家面前已经有一二百年了，但迄今还没有普遍承认的定论。

常提到的是一种"爆炸说"，爆炸说认为：小行星带内原先是有一颗与地球、火星不相上下的大行星，后来，由于某种现在还不清楚的原因，这颗大行星发生了爆炸，炸裂的碎片就成了现在的小行星。但是，究竟从哪里来那么大的能量，居然能把整个大行星炸得粉身碎骨？炸飞的碎块又怎么能恰好集中在现在的小行星带内呢？

有人提出了另外的观点，认为原来这部分空间存在着几十颗直径都在几百千米以下的小行星，它们在长期绕日运动的过程中，难免会相互靠近，发生碰撞甚至多次碰撞，于是就形成了现在这样大小不等、形状各异的众多小行星。碰撞说也有不能自圆其说的地方，如果有几十个那么大的天体在火星和木星的轨道间运动，就像是太平洋里有几条鱼在游动，哪来那么多碰撞机会呢？

近些年来，比较流行的是所谓的"半成品说"，大意是：在原始星云开始形成太阳系天体的初期，由于木星的摄动和其他一些未知因素，使得这部分空间内本来就不多的物质更进一步减少，这样，这些物质无法形成大行星，只能成为现在的"半成品"——小行星。

有关小行星的问题，虽然一时还没有解决，但天文学家已经认识到，研究小行星对于我们弄清太阳系的起源问题是多么重要！

☞关键词：小行星　小行星带

什 么 是 彗 星

仰望晴朗的夜空，星星都是些亮晶晶的光点。可是有时候，这当然是十分难得的，夜空里突然闯来一位形状奇异的生客：明亮而有点毛松松的头，长长而略有点散开的尾部，像一把扫帚。这就是彗星，通常被称作"扫帚星"。

相当一部分彗星不停地环绕太阳沿着扁长的椭圆轨道运行，这种彗星叫"周期彗星"，每隔一定时期，它们运行到离太阳和地球比较近的轨道部分，我们就有机会看到它。有的彗星轨道是抛物线或者双曲线，它们好比是太阳系的"过路客人"，一旦离去，就不知它们跑到哪处"天涯海角"去了。

　　彗星只是一大团冰冻的气体夹杂着冰粒和尘埃物质。典型的彗星分为彗核、彗发和彗尾三个部分。彗核主要由比较密集的固态物质组成，直径一般在10千米上下。彗核周围云雾状的就是彗发。彗核和彗发合称为彗头，后面长长的尾巴叫彗尾。

　　彗头的直径一般在5万～25万千米，据记载，彗头"冠军"可能要算是1811年出现的一颗大彗星，其彗头直径超过180万千米，比太阳直径140万千米还要大。天文学家通过地球大气外的观测发现，某些彗星的彗头最外层还有一层更大的包层——氢云，有的直径达1000万千米!

　　彗星的尾巴不是生来就有的，只是在接近太阳时受到太阳光的压力才形成的。彗尾的长度一般都为数百万到上千万千米。刚才提到的那颗彗头"冠军"，它的彗尾长 1.6 亿千米以上，彗尾的宽度达 2000 多万千米。如果我们把这样一颗彗星看作是个正圆锥形，它的体积就在太阳的 2 万倍以上。

彗星体积虽大，但"肚"内空空，比太阳大上万倍的彗星，其质量也许只有太阳的两千亿到两亿亿分之一，它们的密度自然是十分小的。

> 关键词：彗星　周期彗星　彗核
> 彗发　彗头　彗尾

哈雷彗星是怎样发现的

彗星可算是夜空中最为引人注目的一种天体。在那井然有序的星空里，彗星好像是位形象怪异的不速之客，给人以来去无踪的神秘感觉。

在众多彗星中，知名度最高的无疑就是哈雷彗星，它也是第一颗被算出正确轨道并按预言准时回归的彗星。

1682 年，夜空中出现了一颗特别大的彗星，样子十分奇特，光亮异常。与牛顿同时代的英国天文学家哈雷对这颗彗星进行了大量的观测。经过潜心研究，他利用开普勒定律和牛顿万有引力定律，对这颗彗星的运行轨道作了计算，计算结果表明：这颗彗星是围绕太阳运行的一个天体，它的轨道也是椭圆形的，只不过是一个十分扁长的椭圆。使哈雷倍感兴奋的是，他发现这颗彗星的周期是 76 年，也就是说，每隔 76 年它就要光临太阳一次。而他从历史资料中知道，76 年前左右，也就是

1607 年，正好出现过一颗大彗星；再往前推 76 年，即 1531 年，天空中也出现过一颗大彗星。于是他大胆地推想：1682 年的大彗星就是 1531 年和 1607 年出现过的大彗星，并且进一步作出了科学的预言："1682 年曾引起人们莫大恐慌的大彗星，将于 76 年之后，1758 年再次出现于天空。"

邻近 1758 年岁末，哈雷本人早已不在人世，然而那颗大彗星却应照哈雷的预言，于圣诞之夜在天空出现了。

哈雷的预言得到了证实，彗星的神秘面纱也被揭开了。人们从此认识到彗星的行踪虽然十分复杂，但却可以根据科学定律推算出来。哈雷的工作为人类认识彗星开辟了道路。为了纪念他的重大贡献，人们便把这颗彗星命名为哈雷彗星。

☞ 关键词：彗星　哈雷彗星

彗星会与太阳相撞吗

报纸上曾刊登出一则惊人消息，大意说：1979 年 8 月 30 日下午，一颗人造卫星在进行太阳风观测实验时，偶然观测到一颗彗星与太阳相撞的奇特现象。当时，彗星正以至少 280 千米/秒的速度向太阳撞去，彗尾长 500 万千米以上。

这是一颗不多见的掠日彗星，它是由人造卫星最先发现的。这类彗星有的穿越太阳的高温日冕，飞掠日面而过；有的则是直接撞向太阳，一去无归。

1979 年的这颗掠日彗星就踏上了"不归之路"。根据人造卫星发回的观测数据，它应在 8 月 31 日到达近日点，它的近日点距离太阳中心只有 0.001 天文单位,约 15 万千米,由于太阳的半径约为 70 万千米,这颗掠日彗星近日点显然是在太阳内部,距太阳表层以下约 55 万千米的地方。看来,这颗彗星是无论如何不可能穿过太阳,到达近日点,它的归宿只能是不顾一切地向太阳撞去,粉身碎骨,死而后已。

掠日彗星与太阳相撞的现象并不是绝无仅有的。遭此厄运的还有"1887I"掠日彗星,这颗掠日彗星轨道的近日点距离太阳中心只有 2.7 万千米,它在远没有到达近日点之前,灾难就已降临。先是彗头在与太阳相撞时"灰飞烟灭",残缺的彗尾也只存在了一两个星期之后,就消失得无影无踪。

1979 年和 1887 年这两颗掠日彗星,都是克鲁兹掠日彗星家族中的成员,这一彗星家族的成员已经知道的至少有 13 颗。它们大体上都在非常近似的轨道上运行,有的还是周期彗星,轨道的共同特点则是近日点离太阳很近,从数 10 万千米到数万千米。如果我们把一般彗星称作太阳系的"流浪者",那么,掠日彗星就是十足的"冒险者"。

由于这些"冒险者"有可能跑到离太阳很近的地方,它们保持了一些难得的天文之最记录。1680 年大彗星过近日点时,距离太阳表面只有 23 万千米,在此前后,它的亮度达到 -18 星等,比满月还亮 100 倍以上。到现在为止,还没有哪个天体(太阳除外)的视星等超过它的。这颗彗星的公转周期据认为也长得可观,为 8800 年。"1843I"掠日彗星过近日点时,离太阳表面只有 13 万千米,4 天之后,它形成了一条出乎意料的长彗尾,达 3.2 亿千米,迄今这仍是彗尾的最长记录。

☞ 关键词: **彗星　掠日彗星**

彗木相撞是怎么回事

　　1994年，千千万万的人亲眼目睹了人类历史上从未有过的一次宇宙事件，那就是"苏梅克—列维9号"彗星（以下简称SL9）与太阳系中的最大行星——木星相撞。

　　1994年7月17日4时15分到22日8时12分的5天多时间内，SL9的20多块碎片接二连三地撞向木星，这相当于在130多个小时中，

在木星上空不间断地爆炸了20亿颗原子弹，释放出了约40万亿吨"梯恩梯"烈性炸药爆炸时的能量。

彗星为什么会撞上木星呢？

天文学家通过观测和计算发现，SL9闯进我们太阳系已有相当长的时间。它在飞向太阳系内层的途中，于1992年7月8日到达离木星中心只有11万千米左右，对于半径达7万千米的木星来说，这是个很近的距离。木星的强大引力毫不客气地把离得如此近的SL9给瓦解了。待到1993年3月苏梅克夫妇和利维先生发现SL9时，它至少已经分裂成21块碎片，这些碎片排成一列，全长超过16万千米。有人形容它是"一列奔驰在太阳系空间的长长的列车"。

木星不仅"碾"碎了彗星，也改变了它的轨道。就在SL9被发现之后不久，天文学家们作出了准确的预报，不仅预报了它撞向木星将是不可避免的，也告诉了我们撞击的时间和撞在木星上的位置等。撞击事件准时发生了，当时，由21块碎片组成的"宇宙列车"已长达500万千米以上，其中半数以上的碎块的直径都超过了2千米。最大的碎块的直径大约是35千米，它是第一个撞上木星的。撞击产生出来的能量相当于6万亿吨"梯恩梯"当量，瞬间温度在3万摄氏度以上，也许达到了5万摄氏度，撞击处的直径相当于地球直径的80%，撞击处周围的黑斑更比地球大得多。这一切说明木星受到了重重的一击。

当时，全世界都在关注这项千年难遇的天象奇观，正在太空中运行的空间望远镜和"伽利略号"木星探测器等，也都投入了观测，获得了大量第一手资料。

关键词：彗星　彗木相撞

彗星会撞上地球吗

说起彗星，很多人会想到彗星是一个有着长长尾巴的美丽天体。而在古代，彗星的出现通常被视为灾难的征兆。实际上，它的出现只是一种自然现象罢了。

我们看到的彗星由彗核、彗发和彗尾三部分组成。其中彗尾最引人瞩目，可以长达几千万千米甚至更长。彗核的主要成分是冰，并有少量的尘埃。彗发、彗尾是由彗核受太阳辐射作用挥发出的气体尘埃形成的。

在20世纪初的时候，天文学家计算出：1910年，哈雷彗星将回到太阳附近，并且彗尾要扫过地球。当时，人们惊恐万状，一些报纸甚至宣称世界末日即将来临。5月19日，哈雷彗星经过地球轨道，地球安然穿过了它的尾巴。实际上，彗尾是由很稀薄的气体组成的。所以，地球穿过彗星的尾巴，就好像燕子穿过炊烟一样，不会受到什么影响。

彗尾扫过地球不会产生什么影响，但是，如果彗星的主要部分——彗核撞上地球，就不会这么安然无事了。彗核会撞上地球吗？

1908年6月30日清晨，一个天体带着巨大的火球，在西伯利亚贝加尔湖西北约800千米的通古斯地区上空剧烈爆炸。下落的火球比清晨的太阳更加耀眼，惊心动魄的轰鸣声传至1000千米以外。事后的多次考察表明，这一爆炸极有可能是彗星撞击地球引起的。

1994年7月16日至21日，"苏梅克—列维9号"彗星的21块碎片，排成一列，像一串长达几百万千米的珍珠，连绵不断地撞向木星，撞击在木星上所留下的巨大的黑色斑点，最大的可以容纳两个半地球。可以想象，撞击的能量有多么巨大啊！

由此可见，彗星撞击地球的可能性是存在的。不过人们大可不必惊慌失措，因为发生这类事件的可能性是微乎其微的。然而，天文学家对这个问题十分重视。例如，美国有一个近地小行星搜索计划，目的是监测近地小行星和彗星，预防它们与地球相撞。现代科学技术高度发达，一旦发现有彗星将与地球相撞，也可能发射飞船并携带核弹以设法改变它的运行轨道，避免与地球相撞。

关键词：**彗星　彗木相撞**

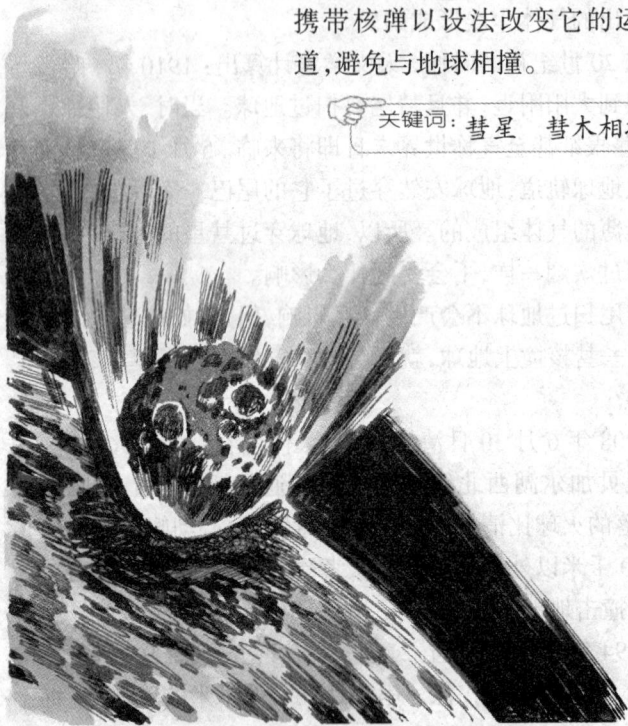

为什么有的彗星会消失

彗星就像是太阳系的"流浪者",它们有的每隔一定时期回来一次,有的则一去不复返。每隔一定时期回来一次的彗星,叫周期彗星,它们环绕太阳沿着扁长的椭圆轨道运行;而那些一去不复返的彗星,则是非周期彗星,它们的运行轨道是抛物线或者双曲线。科学家发现,有的周期彗星也会消失,这是什么原因呢?

彗星在太阳系空间穿行时,常常会从某颗大行星的附近飞过,而受它们摄动的影响,运行轨道会发生改变。施加这种摄动影响的最主要"角色"就是质量较大的木星和土星。如果彗星受到的摄动很大,彗星的速度有可能增加很多,原来椭圆形轨道就会变成非椭圆,成为抛物线或双曲线,周期彗星也就变成非周期彗星,它们就会一去不复回,成为"遗失"了的彗星。

周期彗星消失的另一个原因,就是因崩裂瓦解而成为流星群。作为彗星,它是消灭不见了,但作为流星群,它依然穿行于太阳系,有时还会化作壮观的流星雨,在地球附近作一番精彩的表演。比拉彗星就是一个著名的例子。

比拉彗星最早是在 1826 年 2 月被人们发现的,它绕日周期为 6.6 年。经过几次回归之后,比拉彗星突然在 1846 年 1 月发生分裂,成为一大一小两颗彗星。1865 年,它们理应再次回归。可是,这对彗星没有回归,从此消失不见。1872 年 11 月 27 日,当地球穿过原来比拉彗星的轨道时,这天晚上发生了盛大的流星雨,在长约 5 小时的过程中,天空中出现了大约

16万颗流星。原来，这次流星雨就是由比拉彗星瓦解后的残骸形成的。

另外，彗星每次回归经过太阳附近时，由于部分物质化为气体，形成彗发、彗尾、彗云等，就会损失一部分质量，而使彗星变"瘦"、变"小"。科学家算了算，彗星每次回归大约都要损失 1% ~ 0.5% 的物质。如果这种估算正确的话，一颗彗星在回归一二百次后，就将消耗殆尽，从此，这位"流浪者"也就在太阳系中消失了。

☞ 关键词：彗星　周期彗星　非周期彗星
　　比拉彗星

为什么一颗彗星会有几条尾巴

1986 年，鼎鼎大名的哈雷彗星回归时，它的彗尾特别引人注目，很多人都看到它拖着两条以上的尾巴。这是怎么回事呢？

彗星在它运行的大部分时间内，是没有彗尾的，只有当它运行到离太阳约 2 天文单位 (约 3 亿千米) 左右时，在太阳风和来自太阳光的压力的作用下，从彗头抛出气体和尘埃微粒，才往外延伸而形成彗尾。

彗尾形状多种多样，可以归纳为三种类型，即 I 型、II 型和 III 型。I 型彗尾主要由带电离子组成的气体形成的，又称离子彗尾或气体彗尾。这种彗尾直而细，略带浅浅的蓝色。

II 型和 III 型彗尾都是由尘埃组成的，呈淡黄色，统称为尘

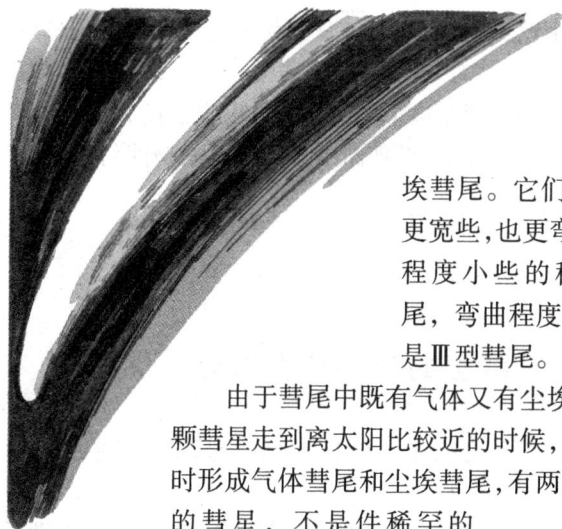

埃彗尾。它们比 I 型彗尾更宽些，也更弯曲些。弯曲程度小些的称为 II 型彗尾，弯曲程度比较大的就是 III 型彗尾。

由于彗尾中既有气体又有尘埃，因此，一颗彗星走到离太阳比较近的时候，常常可能同时形成气体彗尾和尘埃彗尾，有两条以上彗尾的彗星，不是件稀罕的事。1986 年 2 月，哈雷彗星经过轨道近日点前后的一段日子里，它的尾巴的形态显得多姿多彩、富有变化，就是这个原因。

有时，彗星的气体彗尾和尘埃彗尾会发展成为连续的一片，好像一把"大扫帚"倒挂在天空中。1976 年，威斯特彗星经过轨道近日点时，就向人们展示了这一奇特的现象。

到目前为止，人们观测到的彗尾最多的彗星分别出现在 1744 年和 1825 年。前者是一位瑞士天文学家看到的，一颗彗

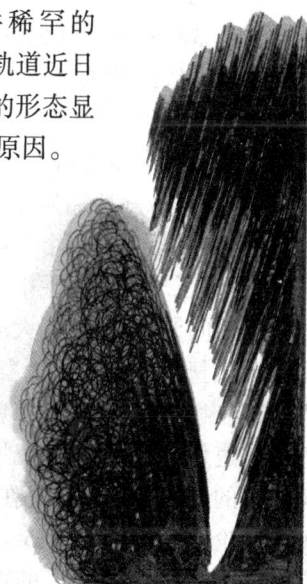

星拖着六条尾巴;后者是有人在澳大利亚观测到的,一颗彗星拖了五条尾巴。

彗星常常会有两条以上的彗尾是可以肯定的,天文学家往往还能从彗星照片上,发现肉眼无法辨认的暗淡彗尾。

关键词: 彗星　彗尾

彗星的"故乡"在哪里

天文学家每年都能在天空中发现若干彗星,它们都是从哪里来的呢?

关于彗星起源的问题,可以说是众说纷纭,到现在还没有一个比较一致的意见。

有一种意见认为,太阳系天体上的火山爆发把大量物质抛向空间,彗星就是由这些物质形成的。这类观点可以叫做"喷发说"。而另一种称为"碰撞说"的观点则认为,在很遥远的年代,太阳系里的某两个天体互相碰撞,由此产生的大量碎块物质,形成了现在太阳系中的彗星。这些假说都存在着一些难以解释的问题,很难得到大多数天文学家的承认。

关于彗星起源的假说当中,被介绍得比较多而且得到相当一部分科学家赞赏的,那就是所谓的"原云假说"。在对大量彗星轨道作统计研究的基础上,原云假说认为:长周期彗星椭圆轨道的远日点很多都是在 3 万~10 万天文单位之间, 由此得出结论, 在离太阳约 15 万天文单位的太阳系边缘地区, 存在着一个被称为"原云"的物质集团, 它像一个巨大的包层那样，彗星就是由其中的物质形成的。原云往往被称为"彗星云"，又因为这个假说最早是在 20 世纪 50 年代由荷兰天文学家奥尔特提出来的，又被称为"奥尔特云"。奥尔特云就像是彗星的主要"故乡"。

据奥尔特估计，彗星云这个包层中可能存在多达 1000 亿颗彗星。这真是一个庞大无比的彗星"仓库"啊! 其中的每一颗彗星绕太阳一周都得上百万年。它们主要是在附近恒星引力的影响下，一部分彗星改变轨道并进入太阳系内层。其中又有一些彗星受到木星等大行星引力的影响而变为周期彗星。另外的一些彗星可能被抛出太阳系外。

☞ 关键词：彗星　彗星云　奥尔特云

为什么海王星离开太阳
有时比冥王星远

任何一本天文书都会很明确地告诉我们：冥王星与太阳的平均距离是 39.44 天文单位，即约 59 亿千米；而海王星与太阳的平均距离是 30.058 天文单位，约 44.97 亿千米。那么为什么海王星离开太阳有时会比冥王星远呢?

问题在于这两颗行星的轨道偏心率上。

海王星绕太阳的公转轨道基本上呈圆形，偏心率很小，只有 0.009，它与太阳之间最远和最近距离相差不大。海王星离太阳最远时的距离是 30.316 天文单位，约 45.37 亿千米；离太阳最近时的距离是 29.800 天文单位，约 44.56 亿千米。

冥王星绕太阳的公转轨道呈较扁的椭圆形,偏心率很大,达0.256,它与太阳之间的距离变化也很大。最远时的距离是49.19天文单位,约73.75亿千米;最近时的距离是29.58天文单位,约44.25亿千米。

一比较读者就可以看出,在多数情况下,冥王星离太阳要比海王星远得多;只有当冥王星转到公转轨道的近日点附近时,才会在一段时间内比海王星离太阳要近些。

冥王星绕太阳公转一周为90465天,约247.7年,它最近一次转到近日点的日期是1989年9月12日。在这前后各10来年间,即从1979年1月21日到1999年3月14日,它与太阳的距离比海王星略小,"最远行星"的称号暂时就让给了海王星。

☞ 关键词:海王星　冥王星　公转轨道

太阳会死亡吗

对于人类来说,光辉的太阳无疑是宇宙中最重要的天体。万物生长靠太阳,没有太阳,地球上就不可能有姿态万千的生命现象,当然也不会孕育出作为智慧生物的人类。太阳给人们以光明和温暖,它带来了日夜和季节的轮回,左右着地球冷暖的变化,为地球生命提供了各种形式的能源。岁岁年年,太阳天天东升西落。在人们心目中,沧海桑田,太阳却一成不变,成为某种永恒的象征。

实际上,太阳是一个由炽热气体组成的巨大火球,亿万年如一日地在空中熊熊燃烧。从天文学的角度来看,太阳只是银河系中一颗非常普通的恒星,并且,与任何其他天体一样,都要经历诞生、成长、死亡的过程。

太阳今天的年龄已有近50亿岁。太阳是通过热核聚变,靠"燃烧"集中于它核心处的大量氢元素而发光、发热的,它平均每秒钟要消耗掉600万吨氢。太阳中储备的氢元素,可以供太阳像这样继续燃烧50亿年。那50亿年后,太阳会怎么样呢?到那时,它的温度可高达1亿多摄氏度,内部会导致氦聚变的发生。接着太阳很快便会极度膨胀,进入所谓"红巨星"阶段,它的光亮度将增至如今的100倍,并把靠它最近的行星如水星、金星吞噬掉。地球也会变得越来越热,甚至也被极度膨胀的太阳吞没,生命将无法继续生存。随着时间的推移,太阳会越来越快地耗尽它的全部核能燃料,步入风烛残年,随之塌缩成一颗黯淡的白矮星。最后,在那无坚不摧的万有引力作用下,太阳再次收缩,成为一个无光无热的"褐矮星",黯然消逝在茫茫的宇宙深处,结束它辉煌而平凡的一生。

当太阳消亡之时,地球早已经不复存在。到那时,也许有着高度文明的人类通过星际航行,业已在遥远的银河系的另一处建起了自己美好的新家园。谁又能说这是不可能的事呢?

关键词: 太阳

九大行星排成"十字连星"会引起灾难吗

我们知道,太阳系的九大行星在各自的轨道上,以不同的周期绕太阳运转。有时太阳和九大行星会出现一些有趣的排列。例如，1982年，九大行星运行到太阳同一侧的一个扇区内，从太阳看去，九大行星好像一连串的珠子，形成罕见的天象"九星连珠"。1999年8月18日，九大行星将以地球为中心排列成所谓的"十字连星"。这些都是天体运行过程中的自然现象，完全符合人们早就总结出来的行星运动三定理和牛顿万有引力定律。

但是，这些现象却被有些人广为宣传。他们危言耸听，著书立说，说什么"人类的大灾难到了"。这些"预言"所谓的"科学依据"是，当九大行星排列成"九星连珠"和"十字连星"时，它们的电磁场和万有引力叠加在一起，会引起地球上洪涝、地震、火山爆发等一连串大灾难，甚至可以突然刹住地球的自转，将地球扯破。

许多严肃的科学家对此据理反驳。由于其他八大行星离地球很远，即使它们真正排成一条直线，而不是"看起来排成一列"，它们对地球的起潮力总和还不到月球起潮力的十万分之一。这样算来，最多可使海潮增高0.06毫米。如果这些行星不是排成一条直线，而是排成什么"十字连星"，那么它们对地球的万有引力，将互相抵消掉一部分甚至全部，其影响更是子虚乌有。至于电磁场的影响更是微不足道。

事实是揭穿谎言的最有力武器。"九星连珠"和"十字连星"都如期发生了，地球还是好好地按照自己的运动轨道，一面自转一面绕着太阳公转，地球上也没有出现什么重大的异常情况。

科学家指出，宇宙中的天体对地球的影响是一个长期的过程。例如，太阳将来会膨胀成一颗红巨星，那时，地球有可能被吞没，但这至少是 50 亿年后的事。又比如，地球的自转的确在变慢，地球最初形成时自转一周只要 3 个多小时，经过几十亿年的漫长过程，现在自转一周是 23 小时 56 分，将来还会慢下去，大约是每过 100 年，1 天要加长 0.001 秒，直到"1 天"等于 1030 小时（大约相当于现在 43 天）。这也没什么好大惊小怪的，因为等到"1 天"增加到 1000 多小时，还得过 2000 多亿年呢！那时，太阳早已不存在了。

自古以来，经常有人别有用心地预言各种"大灾难"会出现，并为它们披上科学的外衣。只要掌握了科学知识，就可以识破其本来面目，而不必为几十亿年后的事情忧心忡忡。

☞ 关键词：行星　行星运动

天上有多少颗星星

晴朗的夜空，满天星斗闪烁着光芒，恰似无数银钉，镶嵌在深黑色的夜幕上，闪闪发光。仔细看上去，大大小小，密密麻麻，一般人肯定会觉得天上的星是多得数不清的。难怪有人编了这么一个谜语："青石板上钉银钉，千颗万颗数不清。"

其实，天上的星，眼睛能看见的，是可以数得清的。

天文学家把星星的亮度划分成等级：很亮的是 1 等星，其次是 2 等星、3 等星……肉眼能够看见的最暗的星是 6 等星。仔细计数的结果，全天空肉眼可以看到的星星，远不如一般人想象的那样多。例如，1 等星一共只有 20 颗，2 等星 46 颗、3 等星 134 颗，4 等星 458 颗，5 等星 1476 颗，6 等星 4840

颗。从 1 等星到 6 等星加起来,总共才不过 6974 颗。

不仅如此,一个人在同一个时刻只能看见天空的一半,另一半在地平线下面,我们是看不到的。因此,任何时间里,我们在天空所能看见的星星,只有 3000 颗左右。

如果我们用望远镜把自己的眼睛武装起来,情况就大不相同了。哪怕只用一架最小的天文望远镜,也可以看到 5 万颗以上的星。而通过现代天文望远镜,可以看到的星星至少有 10 亿颗以上。

其实,天上星星的数目还远不止此。有些星球离开我们实在太远了,即使用最大的望远镜也看不见它们的踪影。一些遥远的星系,在巨大的天文望远镜里,看起来只是一个模糊的光斑,其中却包藏了上千亿颗的星球。

宇宙中究竟有多少个巨大的星系? 宇宙中还存在人们尚未发现的天体和天体系统吗?直到今天,这还是摆在天文学家面前一个未曾揭开的谜。

关键词：星　星等

星星会从天上掉下来吗

晴朗的夜晚,抬头望天,会看到很多的星星与你相伴。运气好的话,偶尔还会看到一道星光从空中闪过,人们不禁会问,这是天上的星星掉下来了吗?

要回答这个问题,首先要了解星星究竟是什么。其实,我们晚上看到的星星绝大多数都是恒星, 太阳也是一颗普通的

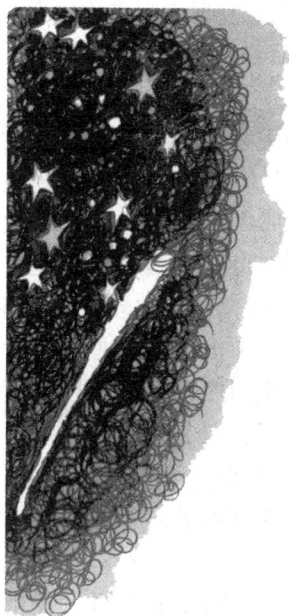

恒星。恒星是体积和质量都很大，而且自己能发光发热的炽热气体球。例如太阳，体积是地球的130万倍，质量是地球的33万倍。这样的恒星在宇宙间比比皆是，它们依靠热核反应发出巨大的光和热。有很多恒星实际上比太阳还要亮得多，只是它们都离我们十分遥远，所以看起来都成了天上的一个小光点。

很显然，恒星距离我们十分遥远，而且都遵从一定的规律在宇宙空间运动，它们是不可能掉到地球上来的。

夜晚的天空中，人们有时还会发现有些星星在恒定不变的群星背景中缓慢地移动，这就是行星。行星是我们太阳系的主要成员，太阳系共有9颗大行星（包括我们地球在内），大行星的几十颗卫星，此外还有长尾巴的彗星，小个头的小行星等成员。

它们自己都没有发光的能力，而是靠着反射太阳光才成为天上看得见的星星。它们都很规矩地沿着自己特定的轨道绕太阳公转，因此也不会掉到地球上来。

由此可见，天上的星星是不会掉下来的。那么，我们有时看到天上划过一道星光，被人们称为"流星"的，又是什么现象呢？原来，太阳系里除了刚才介绍的那些天体外，还散布着数不清的尘埃颗粒，称为流星体。我们在地球上不可能看见它们，但是它们几乎遍布太阳系的各个角落，经常会与地球相撞。这些小颗粒的运动速度极快，比子弹出膛还要快得多，它们闯进地球大气层后，和地球大气发生剧烈摩擦而燃烧，从而发出一道亮光，这就是流星现象。由于它们个头很小，在摩擦发光的短时间内也就把自己烧光了，所以一般不会落到地面上来。但也有极少数个头大些的流星体可能来不及烧完，会掉到地面上来，这就是陨星。

人们一个晚上一般会看到 10 颗左右的流星，发生流星雨时还会看到更多。在太阳系空间中，作为流星体的尘埃颗粒比沙滩上的沙子还要多，所以流星是掉不完的。

关键词：恒星　行星　流星体　流星　陨星

恒星真的不动吗

在我们的太阳系中，太阳是一颗恒星。地球和别的行星都绕着太阳作公转运动。那么，作为恒星的太阳是不是静止不动的呢？回答是否定的。太阳正带领着整个太阳系，以 220 千米/秒的速度绕着银河系运转呢!

原来，恒星不但不是静止不动，而是大动特动。它们在天上运动，各有各的方向，有的向地球方向奔来，有的离地球远去，而且快慢也不相同。比如，猎户座的"参宿七"这颗星，以21千米/秒的速度飞离地球；御夫座的"五车二"星每秒钟可以跑30千米；金牛星座的"毕宿五"星跑起来更快了，速度为54千米/秒。

还有好些速度更快的恒星，如天鸽星座里面的一颗星，运动的速度竟然高达583千米/秒，这真是星星中的快跑能手了!

恒星动得那么快，为什么我们看不出来?天空中星座形状看上去也没有什么变化呢?

恒星看上去不动的原因是它们离开地球实在太远了，以最近的恒星——半人马座比邻星为例，离开我们有40万亿千

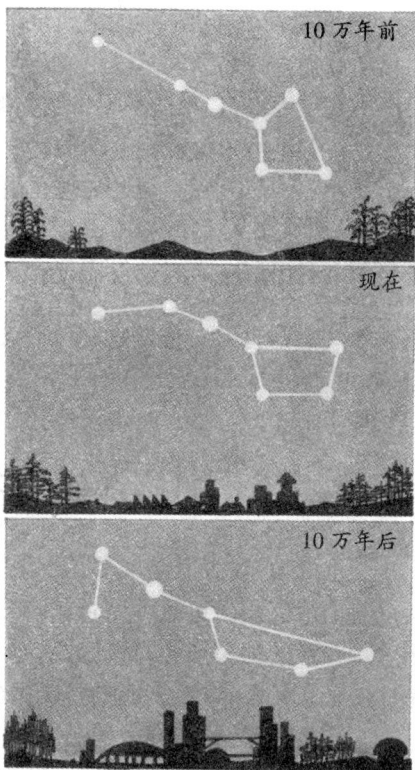
10 万年前

现在

10 万年后

北斗七星的变化

米，即使它以 70 千米／秒的高速度运动，至少要过 200 年才会移动月亮直径那么大一段距离。何况大多数恒星离开我们要比比邻星远得多，难怪看不出它们的运动了。

北斗七星由于每颗星运动的速度和方向并不一样，在 10 万年前和 10 万年后的形状，与现在是不相同的。10 万年才动这么一点，所以，我们就看不出北斗七星位置的变化了。不过，天文学家利用精密的测量仪器，还是可以量出这些变化的。

关键词：恒星　恒星运动

为什么恒星会发光

天上的恒星，表面温度都在上千摄氏度甚至几万摄氏度，所以它们能够发出包括可见光在内的各种电磁辐射。就拿太阳这颗普通的恒星来说，每秒钟从它表面辐射出的能量，大约是 382 亿亿亿瓦，这么多能量可以供全世界使用 1000 万年！

为什么恒星会发光呢？这是 100 多年来天文学上的疑谜，到了最近几十年才揭开了谜底。20 世纪初，伟大的物理学家爱因斯坦，根据他的相对论推出了一个质量和能量关系式，从而帮助天文学家解决了"为什么恒星会发光"这个问题。原来，在恒星内部，温度高达 1000 万摄氏度以上，在这样高的温度下，物质会发生热核反应，例如，由 4 个氢原子核聚变成为 1 个氦原子核，在这个过程中损失一部分质量，同时释放出巨大的能量。于是，这能量由内传到外，以辐射的方式，从恒星表面发射至空间，使它们长期在宇宙中闪闪发光。

行星的温度远低于恒星，因此它们自己是不会发光的。行星的质量比恒星小得多，太阳系行星质量最大的木星还不到太阳质量的千分之一，因此，行星从引力收缩而得到的能量，决不可能使其内部温度高到发生热核反应的程度。

关键词：恒星 热核反应 聚变

为什么星星有不同的颜色

星星有不同的颜色，这可不是谁画上去的，而是星星确实是五颜六色的。

星星为什么会有不同颜色呢？其实，星星颜色的不同，说明它的表面温度不同。太阳光看上去是白色的，实际上由红、橙、黄、绿、青、蓝、紫七种颜色的光组成。星星的温度越高，它发出的光线中蓝光的成分就越多，看上去这颗星就呈蓝色；如果这颗星的温度很低，那它发出来的光线中红光的成分多，看上去它就是一颗红颜色的星星了。

因此，恒星的颜色是由它的表面温度所决定的，不同的颜色，代表着它们有着不同的表面温度。下面就是星星的颜色和表面温度之间的大致对应关系：

星色	表面温度($℃$)
蓝	40000～25000
蓝白	25000～12000
白	11500～7700
黄白	7600～6100
黄	6000～5000
橙	4900～3700
红	3600～2600

这样，我们就可以根据星星的颜色，来估计一颗恒星的表面温度大约是多少了。太阳看上去是黄颜色的，它的表面温度是 6000℃；织女星发出白色光，那它的温度就比太阳高，差不多有 1 万摄氏度；天蝎座那颗亮亮的"心宿二"，从它的火红色就可知道它的表面温度不会超过 3600℃。

关键词：**恒星　恒星颜色　恒星温度**

174

为什么天上的星星有的亮有的暗

天上的星星,有的暗有的亮。我们知道,60 瓦的电灯比同样 20 瓦的电灯亮,是因为它的发光能力强。那么,亮的星星是不是比暗的星星发光能力强呢?实际并非一定如此,决定星星亮度的除了它的发光能力,还有另一个原因,就是星星与我们距离的远近。一般来说,星星离我们越近,看上去就越亮。

上面说的是星星的视亮度,也就是看起来的亮度。视亮度用视星等来表示。我们看到的那些最亮的星一般都定为 1 等星, 正常视力的人用肉眼能够勉强看到的最暗星定为 6 等星。天空中的亮星,可能真的是颗发光能力很强的恒星,但也可能只是因为它离我们特别近,才显得亮。相反,有些暗星也不一定真暗,尽管它们要通过望远镜才能观测到,但它们的发光能力可能极强,只是由于距离我们太遥远,看起来就显得比较暗。

为了比较不同恒星的真实发光能力,应该把它们放在与我们距离相同的地方进行比较。这就像赛跑那样,必须站在同一条起跑线上同时起跑。根据国际规定,恒星的这条"起跑线"定为 10 秒差距,即 32.62 光年。规定恒星在这个标准距离处的亮度为它的绝对亮度,用绝对星等来表示。

运动员可以在同一条起跑线上起跑,恒星则无法都挪到 10 秒差距的距离处,所以,绝对星等都是计算出来的。

太阳的视亮度是绝对冠军,一旦把它放到比现在远 206 万多倍远的 10 秒差距处,它的绝对星等只有 + 4.8 等。按视星等顺序排列的以下这 5 个天体,如果按绝对星等排列的话,则应该倒个个儿。

	视星等	绝对星等
太阳	– 26.8	+ 4.8
天狼星(全天最亮的恒星)	+ 1.46	+ 1.4
织女星	+ 0.03	+ 0.6
北极星	+ 2.0	– 2.9
参宿六	+ 2.06	– 7.0

☞ 关键词：视亮度 视星等 绝对亮度 绝对星等

恒星能永恒吗

　　夜空中的星星年复一年地在那里闪烁,似乎永恒不变。恒星果真是永恒不变的吗?其实不然,恒星不仅在宇宙中以极快的速度运动,它还会像我们人类一样,从诞生、成长到衰老,直至死亡。我们在天空中看见的星星,有的刚刚诞生,有的还很年轻,有的正当壮年,有的却已苟延喘息、濒临死亡。只是恒星从诞生到衰亡要经历几百万年甚至上万亿年,人类文明史对于恒星的一生只是短暂的一瞬,所以,在我们的感觉上恒星似乎是永恒不变的。

　　最初,形成恒星的是一种叫"氢分子云"的星际气体云。氢分子云内部密度并不均匀,一旦受到外部的扰动,密度高的地方就会在自身引力作用下收缩。随着收缩不断地进行,云块内部密度与温度也不断地增高,由原来的氢分子云一步步变成氢原子云、离子云、红外星。此时，一颗新的恒星就算是诞生了，这时的恒星称为原恒星。

原恒星继续慢慢地收缩，当内部温度达到 700 万摄氏度时，氢聚变为氦的热核反应被点燃了，它持续不断地产生巨大的能量，使得恒星内部压力增高到足以与恒星的引力相抗衡，使恒星不再收缩。恒星刚形成之际，它们还埋在残余的云物质之中，我们只能用红外望远镜或射电望远镜探测到它们。刚诞生的恒星会不断地向外抛出物质流，产生强大的星风，速度达到每秒几百、几千千米。当星风把恒星周围残余云物质驱散之后，我们肉眼便见到了闪烁的星星。这时的恒星已经"长大成人"，很少变化，我们称它

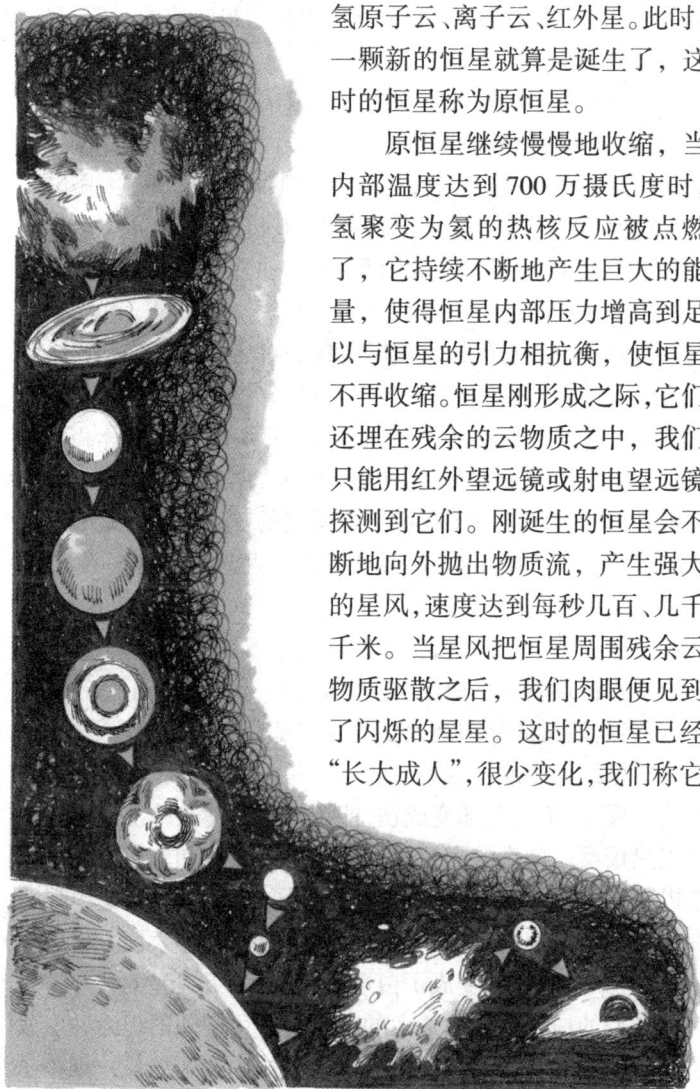

为主序星。主序星阶段是恒星一生中精力最旺盛的时期。我们的太阳就是一颗主序星。

恒星在主序星阶段停留的时间取决于氢核燃料的消耗速度，质量越大的恒星消耗越快，这一阶段越短。太阳属于中等质量的恒星，它在这一阶段约可停留 100 亿年，现在太阳的年龄大约为 50 亿"岁"。比太阳质量大 10 倍的恒星，主序星阶段只有几千万年。质量只有太阳几分之一的恒星，主序星阶段则可长达万亿年以上。

当恒星中心部分的氢核燃料耗完以后，恒星就开始走下坡路了。这时，恒星内部开始了氦聚变为碳的热核反应，而氢热核反应转移到恒星的外层，使外层温度逐渐升高，体积不断膨胀，最后，恒星的体积会增大到原来的千倍以上，成为一颗又大又红的红巨星。冬夜星空中明亮的"参宿四"就是一颗著名的红巨星。太阳将来成为红巨星时，大约还可以停留 10 亿年。

经过了红巨星阶段之后，恒星便进入了老年行列。老年恒星的主要特点就是不稳定，它们的大小、亮度都呈不稳定的变化，著名的造父变星和绝大多数变星都处在这一阶段。

恒星的老年期比较短，这时，恒星内部氦、碳、氧先后参与了热核反应，最后全部变成铁，能源耗竭致使热核反应停止。原先热核反应产生的大量能量由于被中微子和辐射带走，恒星内部压力大大降低，引力再次战胜了辐射压力，于是恒星再次收缩甚至快速坍缩，恒星便面临着死亡。类似太阳一类的恒星，经过平静的收缩变成了白矮星，明亮的天狼星的伴星就是一颗典型的白矮星。质量大的恒星会产生剧烈的坍缩并引发超新星的爆发，抛出大量的物质后，它的内核坍缩成一颗中子星或黑洞。

恒星就这样结束了它壮丽的一生。

关键词： 恒星　原恒星　主序星　红巨星
白矮星　中子星　黑洞

哪颗恒星离我们最近

晴朗的夜晚，天空里繁星密布，就像镶嵌在夜幕上的光闪闪的银钉。这一个个银钉，都是一颗颗距离不等的、离我们非常遥远的恒星。

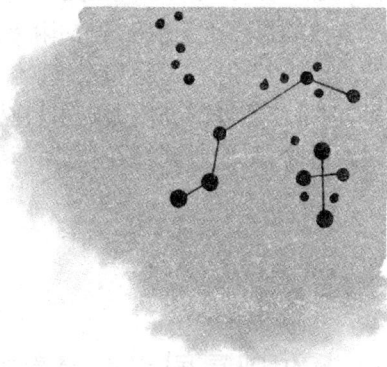

那么，在这浩瀚无边的恒星世界里，哪一颗恒星离我们最近呢？

离我们最近的恒星当然是太阳，太阳与我们的距离是 1.5 亿千米，从太阳上发射出来的光，只需 499 秒就到达地球了。

除了太阳，离我们地球最近的，而且能用肉眼看得见的恒星，是半人马星座中最亮的 α 星——"南门二"，与我们的距离是 41 万亿千米，比太阳离开我们远 27 万倍。从"南门二"发射出来的光，要经过 4 年零 3 个月的时间才能到达我们地球上。其实，天空中还有一颗恒星比"南门二"离我们更近，也在半人马星座里，与地球的距离大约是 40 万亿千米，相当于 4.22 光年。除了太阳以外，它就是距离我们地球真正的最近的恒星了。天文学家给它起了一个形象的名字，叫做比邻星。

比邻星靠近"南门二"的附近，并与"南门二"一起相互绕转。原来，"南门二"是颗双星，比邻星就是"南门二"的一颗子星。但是比邻星的亮度太暗了，视星等才 11 等，所以我们用肉眼观看时，只能看到"南门二"，而看不见更近的比邻星。

关键词：**恒星　比邻星　南门二**

牛郎星同织女星真的能每年相会吗

夏天傍晚，正对我们头顶方向附近的一颗亮星，就是织女星。隔着银河，在天空的东南方，与织女星遥遥相望的一颗亮星，就是牛郎。牛郎星两旁，还有两颗小星。

看上去，牛郎星和织女星只隔一条银河，在天空相距不远。实际上，它们之间的距离是非常遥远的，约为 16.4 光年。神话中传说牛郎织女每年七夕（农历七月初七）晚上过河相会，就算牛郎腿快，每天走 100 千米，从牛郎星走到织女星那

180

里，需要经过 43 亿年时间；即使改乘宇宙飞船，每秒飞行 11 千米，到达织女星要 45 万年；在电话中互相打一声招呼，得到对方回音至少需要 32.8 年。牛郎、织女两星每年相会一次是完全不可能的。

牛郎星和织女星距离我们地球都很遥远。牛郎星距离我们 16 光年，也就是说，我们现在看到的牛郎星，是它 16 年前发出的光。织女星距离地球更远了，约 26.3 光年。正因为它们离我们这样遥远，看起来才成为两颗小小的光点。其实，牛郎星和织女星都是比太阳还要巨大的星球。牛郎星的体积比太阳大 2 倍，表面温度比太阳高 2000℃，发出的光比太阳强 10 倍；织女星比牛郎星更大，体积比太阳大 21 倍，发出的光比太阳强 60 倍。织女星的表面温度接近 1 万摄氏度，比太阳的温度还要高 3000℃ 以上。这个温度甚至比电火花的温度还要高几倍，难怪我们看到织女星的光芒白得有点微微发青了。

关键词：牛郎星　织女星

181

什 么 是 星 云

很早以前，人们就在望远镜里发现一些会发光的像云雾一样的天体，把它叫做星云。

星云可以分为两大类，一类是河外星云，一类是河内星云。虽说都叫做星云，可是它们的本质却是完全不同的。

河外星云就是在银河系外面的星云，更准确应该叫河外星系。它们看上去是小小一个斑点，实际上却和我们的银河系一样，是由几亿、几百亿甚至几千亿颗恒星组成的一个巨大的恒星系统。它们离我们非常遥远，现在已经观测到的河外星云的总数已有数十亿个，可是肉眼能够看到的只有大、小麦哲伦星云和仙女座星云。仙女座星云离我们约 220 万光年，如果我们是在那里的某一颗恒星的行星上，用望远镜看银河系，银河系也成为一个小小的、发光的斑点了。

真正意义上的星云应该是在银河系范围内的星云，它们是由极其稀薄的气体和尘埃所组成的。河内的星云又可分成弥漫星云和行星状星云。

弥漫星云的形状很不规则，一般没有明显的边界。它的体积虽然很大，可是密度却极小极小，如果它的附近有很亮或是温度很高的恒星的话，就可以照亮或使星云激发而发出光来。有人认为星云就是恒星的"原材料"，在著名的猎户座星云里，已经发现不少正在形成或是刚刚形成的恒星，有的是诞生才 1000 多年的"新生儿"。

行星状星云是一种很有趣的天体，中间有一个温度高达几万摄氏度的恒星，周围是一个发亮的圆环。这可能是许多年前恒星在一次爆发时抛出的气体壳层。行星状星云要比弥漫星云小得多。

对银河内的星云进行观测和研究，有助于我们了解恒星的起源和演化情况，因此，这项工作受到科学家们的重视。

关键词：星云　河外星系

宇宙中还有别的"太阳系"吗

除我们的太阳之外，其他恒星周围是否也存在着行星呢？这是个非常有趣的问题，它直接关系到其他天体上有没有可能存在生命的问题。因为，生命只可能生存在那些围绕恒星旋转，并且具备生存条件的行星上。

长时期以来，科学家一直在努力寻找我们太阳系以外的"太阳系"。比较早提到的是距离我们5.9光年的蛇夫座巴纳德星。美国天文学家范德坎普分析了1938年以来有关这颗星的全部资料后，一直坚持认为它周围存在着2颗行星级天体，质量分别是木星的一半和一半多些，也有人认为是3颗行星而不是2颗。当然，反对范德坎普观点的也大有人在。

在过去很长一段时间里，不断有消息说，发现某颗某颗恒星周围可能有行星，到了20世纪80年代，这类消息更是接连不断。可是，其中有的被认为可能只是处于演化初期阶段的行星"胎儿"，有的真实性仍有争议，有的则被完全否定了。

真正发现太阳系外行星的历史是从1995年开始的，这年的10月，两位瑞士天文学家发现"飞马座51号"星周围存在着一颗行星类天体,它被命名为"飞马51B"。三个月后,两位美国天文学家发现"室女座70号"星和"大熊座47号"星周围也存在行星类天体, 它们分别被称为 "室女70B"和"大熊47B"。从那时起到现在,被确认为是太阳系外行星的天体,至少已找到了10颗以上,可说是硕果累累。一个非常值得注意的情况是:这些被认为是行星的天体,比我们原先想象的要复杂得多,它们有的表面温度比较高,有的绕主星的轨道偏心率比较大。可以肯定,这样的行星上是不可能存在生命的。

　　具有重要意义的是,在离我们太阳系不算远的地方,也存在着类似于我们太阳系这样的"太阳系"。因此,我们不难想象,光是在银河系中,就可能存在着为数众多的"太阳系"。

☞ 关键词:太阳系　行星类天体

为什么有些恒星的亮度会变化

　　1956年, 一位业余天文学家在观测恒星时, 发现鲸鱼座一颗3等星逐渐变暗,暗至肉眼已看不见了。过了一年,这颗星又重新出现,这种亮度会变化的星称为变星。

　　变星共分三大类。第一类是食变星,实际上是互相绕转的双星,当较暗的星转到前面挡住较亮的星时,我们就看到星变暗了;当两颗星互不遮挡时,看上去就变亮了。这一类变星的亮度变化是两星交会引起的,恒星本身的物理状态没有变化,这类变星也称为食双星。

　　第二类称为脉动变星,它们的亮度周期性地发生变化。一般来说,光变周期长的变星亮度变化大,光变周期短的亮度变化小。如上面提到的鲸鱼座变星,光变周期为300多天,最亮和最暗时亮度要相差上千倍。造父变星也是脉动变星的一种,天文学家常用它来测定天体的距离。

第三类称为不规则变星,它们的亮度变化完全没有规律,或者规律不十分确定,新星和超新星也属于这一类变星。

现在已经知道变星是恒星演化到一定阶段的标志。一般说来,当恒星处于主序星阶段时比较稳定,当恒星演化到主序星阶段之前或之后都会出现不稳定性,它的亮度就会发生变化,成为变星。

随着观测技术的进展,已发现越来越多的恒星都有不同程度的变化。太阳是一颗主序星,它是比较稳定的,但是在太阳上仍有太阳黑子、耀斑等活动区存在。因此变星是普遍的,只是在大部分情况下,很难用肉眼发现它们的亮度变化罢了。

关键词: 变星 食变星 食双星
脉动变星 不规则变星

为什么把造父变星称为"量天尺"

1784年,英国的业余天文学家聋哑人古德利克,首先发现"仙王δ"星的亮度在天空中不断地发生变化。经过进一步的观测,发现"仙王δ"星最亮时为3.7星等,最暗时只有4.4星等,这种变化很有规律,周期为5天8小时47分28秒,我们称之为光变周期。以后，人们陆陆续续又发现了很多与"仙王δ"类似的变星，它们的光变周期有长有短，但大多在1~50天之间，而且以5~6天为最多。由于我国古代将"仙王δ"星称为"造父一"，所以天文学家就把这种变星都叫做造父变星。大家都很熟悉的北极星也是一颗造父变星。

1912年，美国哈佛天文台的女天文学家勒维特，在秘鲁的一座天文台对南天著名的大、小麦哲伦星云进行观测和研究。勒维特观测了小麦哲伦星云中的25颗造父变星，她把这些造父变星按其光变周期从短到长排列起来。意外的结果出现了：这些变星的视亮度也严格地按相同的顺序排列，光变周期越长，造父变星视亮度也越大。这个结果说明，造父变星的视星等与光变周期之间存在着某种确定的关系。

由于小麦哲伦星云距离我们非常遥远，因此，这个星云内的所有造父变星与我们之间的距离，都可以看作是相等的。于是，就可进一步得出这样的结论：造父变星视星等与光变周期之间的关系，实际上反映了绝对星等（光度）和周期之间的关系，简称周光关系。用绝对星等作纵坐标，光变周期作横坐标，就得到了周光关系曲线。

有了造父变星的周光关系，天文学家就有了测量遥远天体距离的一种新方法。一个不知道距离的造父变星，它的视星等和光变周期都可以通过观测来获得。再利用周光关系曲线得出绝对星等。然后根据视星等、绝对星等和距离之间的关系，马上就可以算出这颗造父变星离我们的距离。

很多球状星团、河外星系等天体的距离十分遥远，不易确定，但只要能够观测到其中的造父变星，就能利用造父变星的周光关系将它们的距离确定出来。事实上，很多遥远天体的距离也就是利用造父变星才确定出来的,而且相当准确。因此,造父变星被人们誉为"量天尺"。

☞ 关键词:造父变星　光变周期　周光关系

什么是新星

古人发现天空中有时会新出现一颗亮星,就认为是一颗新的星星诞生了,称之为新星。天文学家在我国殷代的甲骨文中,发现了世界上关于新星的最早记录。

其实,新星并不是新诞生的星星,它本来就是一颗恒星,只是太暗而看不到。所谓新星就是恒星的突然爆发,即恒星的外围结构以爆炸的方式向外抛射物质,使恒星迅速变亮,好像天空中诞生了一颗新的星。

新星爆发时,恒星一下子膨胀了几千倍,亮度突然增加9个星等以上。当光度达到极大时,膨胀着的气壳以 $500 \sim 2000$ 千米/秒的速度离开恒星。当气壳向外抛射、逐渐散开并消失时,新星亮度便逐渐减弱,经过几个月甚至几年后才恢复到原来的亮度。天文学家通过比较发现,新星在爆发前和爆发后的亮度基本上一致。新星爆发后,一般只损失整个恒星质量的 $0.1\% \sim 0.01\%$。由此可见,新星既不是新诞生的恒星,也不是恒星的末日。

爆发不只一次的新星称为再发新星,已发现的这种新星数量并不多,目前已知的再发新星仅约10颗。近年有理论认为,新星属于密近双星,即非常接近并互相绕转的一对星。在它们的演化过程中,其中一颗星变成体积庞大、密度较低和颜色发红的红巨星,另一颗星演变成体积小、密度大、温度较低的热矮星。在引力作用下,温度较高的红巨星气体流向热矮星,被热矮星吸引过来的物质很不稳定,集聚的热量一旦达到引起热核反应的温度,便发生热核爆炸,热矮星成了新星。从现代天文学的角度来说,发现新星已不是什么了不起的事了,因为单单我们自己的这个银河系内,一年中有时会发现好几十颗新星。

关键词:新星 再发新星 热矮星
红巨星 密近双星

什么是白矮星

你听说过白矮星吗? 乍一听,你一定会想:这不过是某颗星的名字吧! 其实,白矮星并不是某一颗星的名字,而是某一类星的名字。就像我们人在一生中被分为少年、中年、老年几个阶段一样,天文学家把恒星的一生也分为早年、中年和晚年三个阶段,而白矮星就属于晚年恒星这一阶段中的一类。

别看白矮星已经到了老年,同样两颗白矮星的年龄可以相差几亿年,这是由于恒星寿命的长短差别造成的。比如说,有的恒星寿命在几十亿年以上,而有的只能"活"几千万年。因此,同样两颗 3000 万岁的恒星,如果一颗的寿命是几十亿年,那么它还算是相当年轻的,可是对于寿命是几千万年的恒星来讲,它既然已有 3000 万岁,那么它离"死亡"之期就不远了。

气壳

固体结晶核

白矮星结构

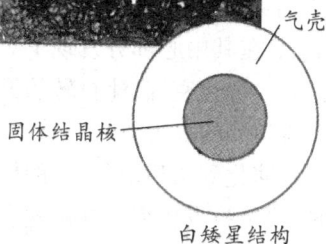

年龄不能够作为衡量白矮星的标准,那么根据什么确定一颗恒星是否到了白矮星阶段呢?

白矮星的"白"与"矮"两个字就是这种恒星的最好写照。白,说明它的温度高。太阳的表面温度约有6000℃,但白矮星的表面温度比太阳还要高,约有1万摄氏度,发出白颜色的光。矮,说明它的个儿小,也就是体积小。一般的白矮星体积同地球不相上下,还不到太阳体积的一百万分之一。至于更小的白矮星,有的只有太阳的一千万分之一那么大,但它的"体重"却和太阳的"体重"差不多。

冬季的东南方天空,我们能看到一颗全天最亮的恒星,名字叫天狼星。在它旁边有一颗眼睛看不见的小星星围着它旋转,这颗小星星被叫做天狼伴星,它就是人们在1862年最先发现的一颗白矮星。别看它和我们地球差不多大小,密度可大得惊大,它身上像黄豆大小的一块东西,足足有1000多千克!

目前,像这样个儿小、体重又大的白矮星已经发现了1000多颗。其实在我们银河系里,白矮星绝不止这些,只是由于它个子小,不容易被发现罢了。

关键词: 白矮星 天狼伴星

什么是超新星

据我国史书记载，北宋年间，人们在天空中发现一颗客星，在白天都能看见，这种情况持续了 23 天。经科学研究证明，所谓客星，是 1054 年发生的一次超新星爆发。著名天文学家奥尔特确认，位于金牛座的蟹状星云就是这次超新星爆发后的抛出物，并称之为超新星遗迹。1969 年，天文学家根据蟹状星云发出的 α 射线和 γ 射线辐射，在其中心部分发现了一颗脉冲星，而脉冲星正是理论预言的一种致密、高速自转的天体——中子星，这一连串发现引起科学界的极大关注。

根据恒星演化理论，当一颗恒星演化到最后阶段，它的核心部分的核能源已消耗殆尽，这时，恒星将发生塌缩并由此引起恒星大爆炸，抛出大量物质，形成一个高速向外膨胀的气壳。恒星塌缩后，原来的恒星不复存在，而形成一个致密天体，由于原来恒星质量大小不同，会形成黑洞、中子星或白矮星。因此，1054 年的超新星爆发与现代恒星演化理论完全一致，它是人类观测到的一次恒星毁灭的全过程。超新星爆发时，恒星亮度会增强几千万倍甚至上亿倍。

初看起来，超新星与新星十分相似，都是恒星爆发抛出物质，使星体膨胀并突然增亮，只是超新星比新星爆发更加猛烈，星体膨胀、增亮更甚而已。但实际上超新星与新星是完全不同的，因为新星爆发一次只抛出恒星质量的 0.1% ~ 0.01%，这种爆发对恒星本身没有太大影响。而超新星爆发把恒星大部分质量都抛出去了，爆发后，原来的恒星已不复存在，留下的致密天体与原来的恒星性质完全不同。因此，超新星爆发是恒星死亡的一个重要过程。

关键词: 超新星 超新星爆发 超新星遗迹

超新星爆发会不会影响地球

1987 年 2 月 24 日，加拿大多伦多大学的几位科学家最先发现，位于南天天穹的大麦哲伦星云中，出现了一颗以前没有看到过的亮星 (5 等星)，这个新发现引起了许多天文学家的兴趣，人们纷纷把望远镜指向这颗新发现的星星。这时人们又发现，这颗星的亮度正在迅速增加。两天后，它已从 5 等星变为 4 等星。显然这是一颗正在爆发中的超新星。

超新星是恒星演化到晚年的表现。超新星爆发时，它会向其周围的宇宙空间喷射出大量的物质，并且发射出各种高能射线，使其成为宇宙中一个持续时间较长的辐射源。据估计，这时它的光度是太阳的千万倍到几十亿倍，所释放的能量相当于千万亿到百亿亿个太阳所释放的能量。

太阳的威力是我们每个人都领教过的。因此你完全可以想象到，如果把太阳换成一颗超新星，将会给地球带来什么样的灾难。幸运的是，已知的超新星爆发都离我们十分遥远，最近的也有 1600 光年。因此，它们的威力在经过如此漫长的距离以后，就已大大削弱了。尽管如此，人们认为超新星爆发还是会对地球的演变产生一定程度的影响。

一些研究者就曾指出，超新星爆发是造成一些古生物大量灭绝的祸首。因为超新星抛射出来的大量宇宙射线，尽管距离遥远，仍然有可能到达地球，从而它有可能促使地球臭氧层发生变化，使紫外线和放射性辐射对生物的危害性增强，甚至导致生物的大量死亡。另外，宇宙射线强度的变化，还会导致气候（温度、降水和云量等）异常，使旱、涝、疾病等灾害频繁发生。高能宇宙射线的增强，还会影响地球的磁场，使地磁场发生持续剧烈的变化，这不仅会影响地球生物的正常生长，还会诱发地震的发生，等等。

总之，如果超新星爆发发生在离地球不是太远的地方，它还是会对地球产生一定影响的。只是这种影响究竟能达到什么样的程度，还有影响产生的具体机制，迄今还不是十分清楚。

☞ 关键词：**超新星爆发**

什么是红外星

多少世纪以来，人们都已经习惯了用肉眼或者用肉眼通过望远镜来看星星。用科学的语言说，就是用可见光来观测天体。这是由于我们人类的眼睛，只能直接看到可见光波，对于其他的电磁波，我们只能用仪器间接去探测了！

如果一颗天体，它的温度低到4000℃以下，那么它发出的光线，将是又红又暗。这好比一块铁，刚开始烧时，它不发亮，只发

193

热；温度逐渐上升，就越来越红；温度再升高，就变亮变白，白中还发蓝光。当它重新冷下来，又渐渐变红，最后失去亮光。一些正在诞生的恒星，或衰老到快死亡的恒星，就像铁块刚加热和重新冷却的过程那样，它们发出暗淡的红光或大量的红外线。它们躲在宇宙的深处，几乎不发出可见光波，这些星星就叫红外星。

还有一些星星，它们被厚厚的星际尘埃和云雾包围着，使原来又热又亮的星星变得又红又暗。有的尘埃甚至完全挡住了星星的可见光，并从被它们包围住的星星里吸收热量，自己重新放出红外线。像这些带着尘埃外壳的星星，也被称为红外星。

可惜，地球上保护着我们生命的大气层，却成了天文学家进行天文研究的障碍。大气层吸收了大量的红外线，为观测这些红外星，人们只好把仪器用飞机、气球、火箭或者人造卫星送到大气层外去观测。

☞ 关键词：红外星

什么是脉冲星

1967 年秋天，英国剑桥大学天文学系年轻的女研究生贝尔和她的老师休伊什教授，在天文观测时发现了一种奇特的无线电脉冲信号。信号的脉冲周期极短，只有 1.337 秒，而且周期非常稳定，其准确性超过了当时地球上的任何钟表。这个无线电脉冲源在天球上的运动和其他恒星一样，也是东升西落,由此可以推断出它在太空中的位置是恒定的。

　　这种信号是什么呢? 为什么周期会这么短,又这么稳定? 人们开始大胆地猜测,也许是"外星人"在向我们打招呼吧! 有人甚至想象出,"外星人"的身材矮小,皮肤是绿颜色的,可以直接从恒星放出的光和热中获得能量,其智慧与科技水平远比人类更先进。这就是当时风靡一时的"小绿人"之说。

　　可是,随后天文学家在天空的各个方向发现了一个又一个脉冲源,从而否定了关于"小绿人"的浪漫的幻想。那么,这究竟是一种什么样的天体呢? 这么快而又稳定的周期不可能是由天体相互绕转产生的, 也不会来自天体自身周期性的膨胀与收缩。因此,唯一的可能是与天体的自转有关。然而,如果是这样的话,这是一种一秒钟就要旋转一周或更快的天体,那么它的体积一定不会很大,否则,它必然会在离心力的作用下很快瓦解。而且这种天体的无线电辐射一定要有很强的方向性,这样才会随天体的转动形成脉冲,很可能在这种天体上有很强的磁场……噢! 原来是它,天文学家们恍然大悟,想起了30多年前理论上预言的中子星。也就是说,这是一种快速自转的中子星,

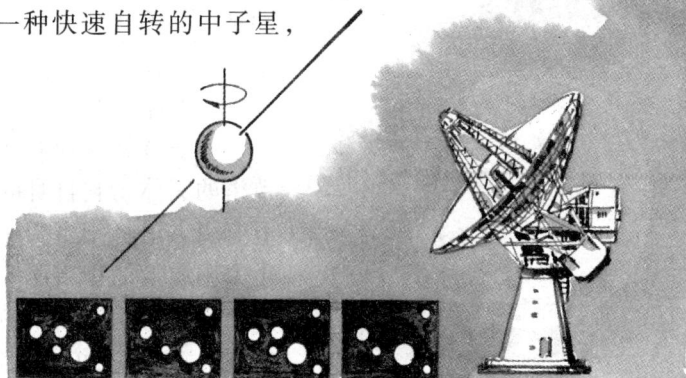

也叫脉冲星。

脉冲星的发现是先有理论预言，然后作出观测发现的一个完美的事例，被认为是 20 世纪 60 年代天文学的四大发现之一，休伊什教授也因此获得了 1974 年诺贝尔物理学奖。

关键词：脉冲星　中子星

什么是中子星

我们知道，物质通常是由各种原子构成的，而原子又是由原子核和绕其运动的电子组成。原子核是非常致密的，由带正电的质子和不带电的中子紧密结合而成。1932 年，英国物理学家查德威克发现中子以后，前苏联物理学家朗道就大胆地预言了宇宙中可能存在一种星球，是直接由中子组成的。30 多年后，天文学家发现了脉冲星，并确认它就是中子星，从而证实了这一天才的预言。

中子星是一种非常致密的天体，它自身的万有引力可将相当于一个太阳质量的物质压缩在半径仅仅为 10 千米的球体内。也就是说，一匙

中子流体

外壳

中子星结构图

中子星的质量差不多相当于地球上一座大山的质量。那么,这样一种奇特的天体是如何形成的呢?一般认为,在大质量恒星的"晚年",会有一次可怕的超新星爆发,原来星球中的大部分物质被抛射到宇宙空间,剩下的物质急剧收缩,在星体内部产生了极大压力,把原子的外层电子挤到原子核内,核内的质子与电子结合,形成异常紧密的中子结构物质。如此说来,中子星原来是小得可怜的、密集的、没有生气的星体残骸。

☞ 关键词: 中子星　脉冲星　超新星爆发

什么是双星

如果用天文望远镜观察星空,你会发现天空中有许许多多成双成对的恒星,它们彼此的位置靠得很近,显得十分"亲密"。我们把这种位置靠得很近的两颗恒星称为双星。可以说,天上的恒星也喜欢成对结伙,"单身族"并不占优势。当然,同样是双星,情况也各不相同。有的是一颗恒星绕另一颗恒星运动,依靠万有引力相互维系,这叫物理双星;有的双星则仅仅是投影关系,看起来靠得很近,实际上相距甚远,没有物理联系,可谓"貌合神离",这叫光学双星。

我们通常所说的双星指的是物理双星, 对于不同的物理双星来说,它们两颗子星之间的距离差别也可以很大。比如有一种"密近双星",两颗子星彼此靠得非常近,可算是恒星世界的"铁哥们",它们之间可以发生一些复杂的相互作用过程,产生潮汐影响, 甚至会出现气体物质从一个子星流向另一个子星的现象。

夜空里有许多著名的双星。比如，天狼星、南门二、南河三、北河二、心宿二、角宿一等都是双星。其中天狼星又属目视双星，也就是通过天文望远镜才能看到它们的双星关系。绕天狼星运动的伴星是一颗白矮星。"角宿一"则属分光双星，即只有通过分析光谱线变化才能确知它们是双星，而用望远镜目视观测是分辨不出来的。

在恒星世界中，双星是普遍现象。另外，还有不少三五成群的恒星形成相互有物理联系的小集团，统称为聚星。在太阳附近空间的恒星，估计约有半数或半数以上都是双星或聚星的成员。

☞ 关键词：双星　物理双星　光学双星
　　　　　密近双星　聚星

什么是星团

星空浩瀚，乍看起来恒星的分布似乎杂乱无章。实际上，"物以类聚"的道理同样适用于恒星世界，那就是"星以群分"。大量的恒星在漫长的演化过程中，逐渐形成了"成群结队"的分布特点。通常，天文学家把恒星数少于 10 颗的星群称作聚星，而恒星数超过 10 颗并且具有物理联系的星群就称为星团，它们都是通过万有引力而吸引在一起的。

星团内的恒星数目悬殊不等，可能有几十、几百乃至几十万，甚至上百万颗。根据星团所包含的星数、形状及其在银河系中的分布位置，又分成疏散星团与球状星团两大类。

顾名思义,疏散星团的星数较少,一般有几十到上千颗,形状大多很不规则,形成结构松散的星际"联盟",星龄比较年轻。疏散星团的另一个特点是它们多数集中分布在银道面的附近,由此也叫银河星团。肉眼能看到的有金牛座中的昴星团(也叫七姐妹星团)和毕星团,还有巨蟹座里的蜂巢星团等,这些都是著名的疏散星团。迄今在我们银河系内已发现了1000多个疏散星团。

球状星团由成千上万,甚至几十万颗恒星组成,外貌呈球

形，是一个名副其实的大"星球"。它的中心部分恒星非常密集，甚至用天文望远镜都难以将单个恒星分辨出来。球状星团里大多是些年老的恒星，它们在广袤深寂的宇宙中已度过近100亿年的漫长时光。球状星团的空间分布比较弥散，主要散布在巨大的银晕之中。从地球上看，最大最亮的球状星团是位于半人马座内的 ω 星团，相当于 3 等星的亮度，距我们约 1.6 万光年。从天文望远镜里观看，球状星团那群星荟萃的壮观景象常常会令人叹为观止。

关键词：聚星　星团　疏散星团　球状星团

什 么 是 黑 洞

天上星，亮晶晶。满天的星斗中除了几颗行星之外，绝大部分都是像我们的太阳一样、自己能够发光发热的恒星，用"亮晶晶"来形容它们是名副其实的。

天上所有的星星都是亮晶晶的吗?不是的。

几十年以前，科学家们根据爱因斯坦广义相对论的理论研究，预言了一种叫做"黑洞"的天体。顾名思义，黑洞看起来可就不是亮晶晶的了。那么，究竟什么是黑洞呢?

黑洞是一种非常奇怪的天体。它的体积很小，而密度却极大，每立方厘米就有几百亿吨甚至更高。假如从黑洞上取来小米粒那样大小一块物质，就得用几万艘万吨轮船一齐拖才能拖得动它。如果使太阳变成一个黑洞，那么它的半径就得收缩至不到 3 千米。

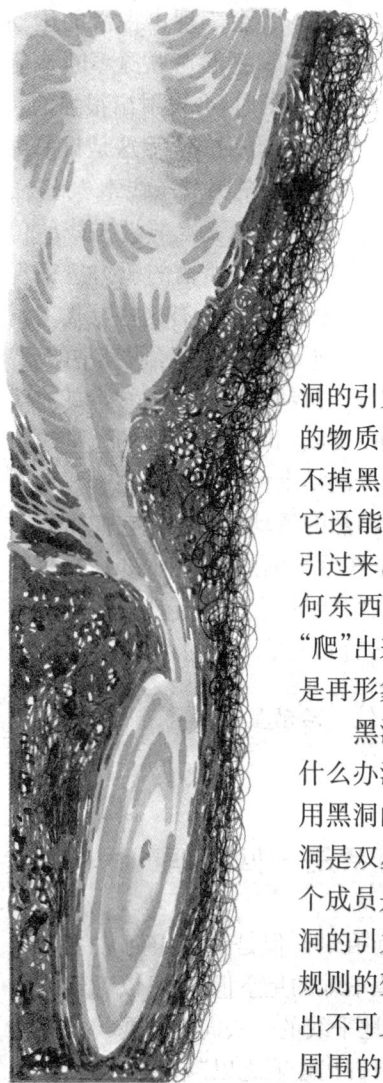

因为黑洞的密度大，所以它的引力也特别强大。大家都知道，由于地球的引力，踢出去的足球还会落到地球上。而速度很大的人造卫星，就能够克服地球的引力作用飞到太空去遨游。黑洞的情况和地球可就不太一样了，黑洞的引力极其强大，黑洞内部所有的物质，包括速度最快的光都逃脱不掉黑洞的巨大引力。不仅如此，它还能把周围的光和其他物质吸引过来。黑洞就像一个无底洞，任何东西到了它那儿，就不用想再"爬"出来了。给它们命名为"黑洞"是再形象不过了。

黑洞既然看不见，那么我们用什么办法来找到它们呢？这就得利用黑洞的巨大引力作用了。如果黑洞是双星系统的一个成员，而另一个成员是可观测恒星，那么由于黑洞的引力作用，恒星运动会发生有规则的变化，从这种变化可以探测出不可见黑洞的存在。还有，黑洞周围的物质在黑洞强大引力的吸

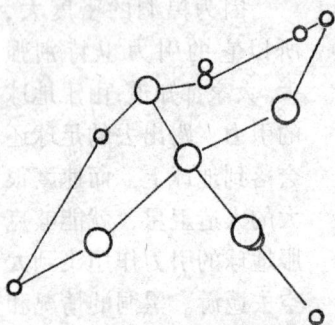

引下，会表现出古怪的运动方式。它们在源源不断地流入黑洞时,会发射出很强的 X 射线、γ 射线等, 这是目前寻找黑洞的另一条线索。此外, 黑洞还会影响邻近光线的传播, 产生所谓的引力透镜现象。当然,所有这些寻找黑洞的工作都不是轻而易举的。

"天鹅 X - 1"是个很强的 X 射线源,它有一颗看不见的伴星,根据"天鹅 X - 1"的运动,可以判断这颗伴星的质量约为太阳的 10 倍,很多人认为它可能是个恒星级的黑洞。天文学家还发现许多星系的核心有剧烈的活动, 我们称它们为活动星系核。它们的中心极可能是些巨大的黑洞,在贪婪地吞食周围物质的同时,发射出极巨大的能量。有些人还认为我们银河系的中心也有一个大黑洞,它的质量是太阳的百万倍。

关键词: 黑洞　引力透镜　活动星系核

银河和银河系是一回事吗

谈到银河系你或许有点陌生, 但是说起银河你一定熟悉。在夏天晴朗的夜晚,仰望璀璨的星空世界,可以看到仿佛有一条淡淡的银色飘带, 从地平线的一头向上伸展, 横跨天穹。这条光带就是银河,我国古代还冠之以"星汉"、"天河"等美名,并流传着牛郎织女在天河鹊桥相会的美丽传说。

那么,银河里那一片白茫茫的究竟是什么呢?自从天文望远镜发明之后,人们带着这个不解之谜,把望远镜指向银河。原来银河并不是什么天上的河流,而是一个由1000多亿颗恒星密集组成的盘状的恒星系统,而我们太阳系本身就处在这个系统之中。我们从太阳系向周围看去,这个恒星系统的盘状部分就呈现为一条带形天区,在这块天区的恒星投影最为密集。而由于距离遥远,肉眼未能把密集的恒星分辨出来,便把它看作一条发亮的光带,这就是我们看到的银河。这个庞大的恒星系统也由银河得名,称为银河系。所以,银河和银河系是两个不同的概念。

银河系的多数恒星集中在一个盘状的结构里,称为银盘。从银盘中心向外又伸展出4条弯曲的旋臂,整个银盘的半径约为4万光年。银盘外围则由稀疏的恒星和星际介质组成一个球状体,半径约5万光年,包围着整个银盘,叫做银晕。

在天文学的发展史上,伽利略第一个用望远镜发现银河是由恒星组成的。而最早通过恒星计数的方法来研究银河系结构的,则是18世纪后期的著名英国天文学家威廉·赫歇尔。他用自己亲手磨制的反射望远镜,计数了若干天区内的大量恒星,并根据对观测结果的统计研究,绘制出一幅扁而平、轮廓参差、太阳位居中心的银河系结构图。虽然这张银河系结构图并没有准确地描绘出银河系的真面貌,但这是人们第一次从观测上揭示了比太阳系更高一层次的天体系统的存在,在人类认识宇宙结构的历程中,具有里程碑的意义。

关键词: 银河　银河系　银盘　银晕

银河系的结构是怎样的

银河系的结构主要可分为银盘(包括旋臂)、核球、银晕,以及外围的银冕等部分。

银盘是银河系的主体,它的外形呈扁盘状,集中了银河系内的大多数恒星和星云,银盘的直径约为8万光年,中间部分较厚,厚度约6000多光年,周围逐渐变薄,到太阳附近便只剩一半厚度了。由于巨大的银河系本身也有自转,银盘中的亿万颗星球环绕银河系中心浩浩荡荡地作着旋转运动,从银盘中心向外弯曲伸展出4条旋臂,看上去犹如急流中的旋涡。所谓旋臂实际上是恒星、星际气体和尘埃的集聚区域,但这集聚着物质的旋臂并不像电风扇叶片那样固定不变,恒星始终在旋臂中进进出出,只是它们能够在运动中基本做到"收支平衡",所以,看上去旋臂的形状保持不变。

银河系的中央部分是一个恒星分布相当致密的核球,直径约1.2万~1.5万光年,略呈椭球形状。由于大量的星云和气体尘埃的阻挡,对核球方向的天文观测十分困难,所以,人们至今对它知之甚少,但可以肯定,核球内的恒星分布是十分密集的。

银晕是在银盘外围由稀疏的恒星和星际介质组成的一个巨大包层,它的体积至少是银盘的50多倍,但质量却只占银河系的十分之一,由此可见其物质密度非常稀薄。事实上,除了那些极其稀薄的星际气体外,银晕中的物质主要是球状星团。

银冕是20世纪70年代中期才被发现的,属于银河系的最外围，它的范围可远及50多万光年以外，比银河系的主体部分要大得多。但银晕内基本上没有恒星，全由极稀薄的气体组成，所以不易准确地测定它的真正范围。

👉 关键词：银河系　银盘　银晕　银冕
银河系核球

为什么天文学家能知道太阳系
不处于银河系的中心

天文学是一门观测科学。人类对太阳在银河系中位置的认识，正是在观测的基础上逐步深入的。

第一个通过观测来研究银河系结构的，是18世纪后期大名鼎鼎的英国天文学家威廉·赫歇尔。赫歇尔用的是恒星计数的方法，就是先挑选出数百个均匀分布的天空区域，然后通过天文望远镜对这些天区进行上千次细致的观测，数出每一个天区内的恒星数目。他发现，越是靠近银河，每单位面积的恒星数目越多，而在垂直于银河平面的方向上，恒星的密度最小。根据对观测结果的统计研究，1895年，赫歇尔绘制出一幅扁而平、轮廓参差、太阳位居中心的银河系结构图。这是人们第一次从观测上揭示了比太阳系更高一层次的天体系统的存在，在人类认识宇宙结构的历程中，具有里程碑的意义。

利用恒星计数研究银河系结构，需要面对的一个棘手问题是如何估计和比较各个恒星的距离远近。人们都有这样的经历：夜间行路或远眺，常常凭借灯火的亮暗程度，估计远处建筑或村落的距离。当年赫歇尔正是以类似"所有的灯都一样亮"的思想，假设所有恒星具有相同的亮度，再由观测到的各恒星的亮暗来推断它们的远近。赫歇尔的假设当然是粗糙和不准确的，但当时还没有更好的测定恒星距离的办法。

到19世纪中叶，随着观测设备与技术的进步，测定恒星距离的方法有了长足的发展，从而为人们更加准确地描绘银河系的真面貌奠定了基础。

真正依靠观测证据推断出太阳系并不在银河系中心的是美国天文学家沙普利。1918年，他利用威尔逊天文台2.5米口径反射望远镜，研究当时已知的大约100个球状星团。统计结果显示，有三分之一的球状星团集中分布于人马座方向，90%以上坐落在以人马座为中心的半个天球上。如果太阳位于银河系中心，这些球状星团在银河系内是对称分布的，则从地球上来看，球状星团在天空中也应该呈球对称分布，这与观测结果是矛盾的。沙普利由此推想，是否还有另一种可能，即太阳系并不在银河系中心，这样，地球天空上的球状星团就不是球对称分布了。经过多年的观测和研究，沙普利最终建立了银河系的透镜形结构模型，正确地得出太阳系不在银河系中心的结论，银河系的中心应在人马座方向，太阳系则位于较靠近银河系边缘的地方。

☞ 关键词：银河系　恒星计数　球状星团

为什么人马座银河部分特别明亮

横跨南天和北天的银河，是我们太阳系所在的银河系主体在天球上的投影。它经过二三十个星座，最北面的有仙王座、仙后座、英仙座等，最南面的则有船底座、南十字座、半人马座等，此外还有御夫座、金牛座、双子座、猎户座、大犬座等著名星座。银河各处的宽窄程度不同，宽的部分达 30 度，窄的地方只有 10 来度。银河各部分的明亮程度也有很大差别，最亮的部分在人马座一带。

用望远镜进行观测时，可以很明显地看到，银河是由难以计数的恒星和众多的星云组成的，银河里到处都是密密麻麻的恒星，星云则有亮有暗。这些恒星和星云的分布则是不均匀的。另外，我们太阳系是在靠近银河系边缘的地方，从这里向四周观望，更加使我们觉得，在银河的各个方向上，恒星和星云的数量有很大差别。

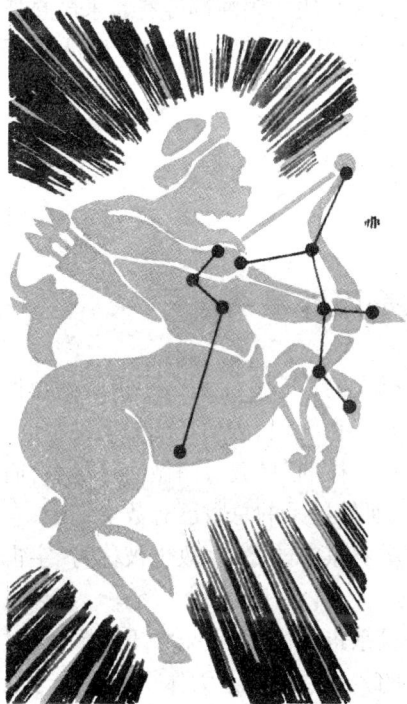

人马座方向正是银河系中心，即银心方向。在这个方向上的恒星特别密集，亮星云较多，使得这部分天空的银河比其他星座中的银河部分，更显得亮些。这里也是银河最宽的部位之一。不仅如此，天鹰座、天鹅座、天蝎座等星座一带银河部分都是很亮的。天蝎座、人马座每年 7 ~ 8 月份天黑后出现在南方天空，它们以及该天区的明亮银河特别容易引起我们的注意。

在离城市较远的地方，如农村、山区、森林、海洋等，那里灯光的干扰较少，星星都好像是镶嵌在黑丝绒上的一颗颗珍珠，银河看起来就格外明亮，人马座的银河部分看起来简直像是一朵朵飘浮着的白云，后面衬托着亮晶晶的星星，给人以无限的遐思和美的享受。

👉 关键词：银河　人马座　银河系

什么是河外星系

如果说银河系是一个巨大的"星城"，那么宇宙间是否仅此一个"孤城"呢？不是的。在广袤无垠、浩瀚辽阔的宇宙空间，还有许许多多像我们银河系一样的"星城"，叫做河外星系，简称星系。今天，人们知道的河外星系的总数已有数十亿个，它们如同辽阔的宇宙海洋中星罗棋布的岛屿，故也被称为"宇宙岛"。

同银河系一样，河外星系也是由 10 亿至数千亿颗恒星，以及星云和星际物质组成的。星系的形态大体上可以分为三

不规则星系

椭圆星系

旋涡星系　　　　　　　　棒旋星系

类：一类是椭圆星系，外形呈正圆形或椭圆形，中心亮，边缘渐暗。另一类是旋涡星系，一般都有一个椭球状的比较明亮的中央核，从核中伸出两条或多条如蚊香般盘旋着的臂，称为旋臂。一部分旋涡星系的核心宛如一个棒状物，也称棒旋星系。第三类称为不规则星系，没有明显的核心和旋臂，外形很不规则，看不出旋转的对称性结构。

星系的大小、质量、亮度相差很大。大的巨椭圆星系的质量可以是银河系的几十甚至几百倍，而小的矮椭圆星系则可能只有银河系质量的几千分之一，只相当于银河系中的一个球状星团。相对来说，旋涡星系之间的差异不是很大，仅仅相差百倍左右，而我们的银河系则可算是其中的"大个子"了。

关键词：河外星系　星系　椭圆星系
　　　　旋涡星系　不规则星系

209

人类是怎样发现河外星系的

　　夜空中除了点点繁星之外，还有形形色色的星云。早在200多年前，法国天文学家梅西耶就为当时发现的星云编制了星表。其中，编号为M31的星云在天文学史上有着重要的地位。初冬的夜晚，熟悉星空的人可以在仙女座内用肉眼找到它——一个模糊的斑点，俗称仙女座大星云。

　　从1885年起，人们就在仙女座大星云里陆陆续续地发现了许多新星，从而推断出仙女座星云不是通常一团被动地反射光线的尘埃气体云，而一定是由许许多多恒星构成的系统，而且恒星的数目一定极大，这样才有可能在它们中间出现那么多的新星。如果假设这些新星最亮时候的亮度，和银河系中其他新星的亮度是一样的，那么就可以大致推断出仙女座大星云离我们十分遥远，远远超出了我们已知的银河系的范

围。但是，由于用这种方法推测出来的距离很不可靠，因此也引起了争议。直到 1924 年，美国天文学家哈勃，用当时世界上最大的 2.5 米口径望远镜，在仙女座大星云的边缘找到了被称为"量天尺"的造父变星，利用造父变星的光变周期和光度的对应关系，才定出仙女座星云的准确距离为 220 万光年，证明它确实是远在银河系之外，也像银河系一样，是一个巨大而独立的恒星集团。现在，人们已经找到了近千亿个这样的恒星集团，并将它们统称为河外星系，简称星系。

从河外星系的发现，可以反观我们的银河系。它仅仅是一个普通的星系，是千亿星系家族中的一员，是宇宙海洋中的一个小岛，是无限宇宙中很小很小的一个部分。

关键词：河外星系　仙女座大星云

为什么把河外星系称为"宇宙岛"

宇宙的广阔与深邃远超出人们通常的想象。肉眼能看见的夜空中的天体，绝大多数是银河系的成员。那么，银河系就是通常所说的宇宙了吗？远远不是！迄今人类所能观测到的宇宙空间里，弥散分布着数十亿个星系。每个星系平均由近 1000 亿颗恒星，以及弥漫于星际间的气体和尘埃所组成，每颗恒星都可能是和我们的太阳一样的天体。而我们太阳所在的银河系只是那千亿个星系中的普通一员，如同宇宙汪洋中的一个小岛。这就是宇宙岛概念的由来。

银河系以外的其他星系，统称为河外星系。河外星系大小不一，外观和结构也显得多种多样。

人类把河外星系视作"宇宙岛"的观念，可以追溯到 18 世纪中叶。康德在《自然通史和天体论》一书中，就曾明确提出"广大无边的宇宙"之中有"数量无限的世界和星系"的概念。并猜想，人们观测到的星空中的一些云雾状天体，可能就是像银河系一样由星群构成的"宇宙岛"，只是由于距离太远而不能分辨出单颗的恒星。那么这些云雾状"星云"究竟是在银河系之内还是之外呢？准确测定它们的距离就成为验证这种理论猜想的关键，这也是其后 100 多年间天文学家关注与争论的焦点。

直到 1924 年，美国著名天文学家哈勃，通过照相观测发现仙女座大星云中的造父变星，从而较准确地推算出仙女座大星云与我们的距离，结果证实它远在银河系之外，是类似我们银河系的恒星系统。于是，继地球、太阳之后，银河系也失去了在宇宙中的任何特殊的中心地位了。这是 20 世纪天文学上最重大的发现之一，从此，人类的视野超越了银河系的疆界，进入更为广阔的空间。

👉 关键词：河外星系　宇宙岛

为什么天文学家要研究河外星系

河外星系的发现，使人类清楚地了解了自己在宇宙中的地位，同时也使我们的视野跃出了银河系，迈向更加深远的宇宙空间，这是人类在探索宇宙历程中的重要一步。

现在我们知道，茫茫宇宙中分布着无数个像我们银河系一样的河外星系。它们是宇宙中最基本的单元，也是宇宙中物质最基本的表现形式之一。通过对河外星系形态、分布、运动以及起源与演化的研究，人们正在逐步加深对宇宙的认识。比如，从观测上可以知道，河外星系彼此都在相互远离，因此，科学家们推断出，我们的宇宙起源于一次全方位的大爆炸。再比如，我们发现河外星系在空间的分布并不均匀，而是成群结队，这说明在宇宙创生的时候，就有一些不均匀的"种子"，它们主导了宇宙的演化历程，以至于形成如今我们看到的形形色色的星系世界。所以说，河外星系的研究是人类认识宇宙的一个重要环节。

另一方面，将视线再转回到我们的银河系。银河系中有恒星、星云以及各种星际物质，非常复杂，而我们地球所在的太阳系又身处其中，这就为我们研究银河系本身造成了很大的困难。正所谓"不识庐山真面目，只缘身在此山中。"可我们知道，河外星系中有许多是和我们银河系相似的，通过研究它们，就可以帮助我们了解银河系本身。

关键词： 河外星系

离我们最近的河外星系是哪一个

不借助任何观测工具，单凭肉眼可以看到几个被称为河外星系的云雾状天体，通过望远镜能看到的就更多了。在这些河外星系中，有两个最为著名，它们就是大麦哲伦云和小麦哲伦云。

麦哲伦是著名的葡萄牙航海家。他从 1519 年开始作环球航行，并首先对大小麦哲伦云作了精确记录和描述。后人为了纪念他，就以他的名字来命名这两个星云。其实，这两个星云又大又亮，在南半球的人，很容易看到它们。早在公元 10 世纪时，航行到南半球的阿拉伯人就已经注意到天空中的这两个模糊天体。对于居住在北半球的人来说，只有在北纬 20°以南的地区，才有机会看到它们；北纬 20°以北地区的观察者，是永远也看不到大小麦哲伦云的。

大小麦哲伦云究竟是什么呢？它们是我们银河系以外的星系，也像银河系一样，里面有着数以十亿计的恒星。由于它们远在银河系之外，所以我们称之为河外星系。

大麦哲伦云位于南天剑鱼和山案两星座的交界处，简称大麦云。它长约 6°，相当于 12 个满月并列在一起那么长，与我们的距离为 16 万光年，是离我们最近的河外星系。

小麦哲伦云是最早被确认为河外星系的近邻星系之一，1912 年，天文学家利用其中的造父变星作为"量天尺"，测定它的距离为 19 万光年。它位于南天的杜鹃座，简称小麦云，看上去长约 4°。大小麦哲伦云在空间彼此相距约 5.4 万光年。

大小麦哲伦云是已知河外星系中离我们最近的两个，可以说就在我们银河系的"家"门口。不仅如此，它们还与银河系有着物理上的联系，一起组成一个三重星系。

☞ 关键词：　河外星系　　大麦哲伦云　　小麦哲伦云

已发现的最远的河外星系有多远

太阳是银河系里的一颗普通的恒星，而银河系就像是宇宙中的一个小小的岛屿。在茫茫的宇宙空间，有无数的像银河系这样的"岛屿"，它们就是河外星系。

天外有天，宇宙之大是我们难以想象的。人类在强烈的求知欲的驱动下，一直注视着遥远的星系，试图撩开河外星系神秘的面纱。

随着人类观测手段的增强，我们对宇宙的观测视野在不断扩大。

最先被我们认识的河外星系有大麦哲伦云和小麦哲伦云。16世纪初，葡萄牙人麦哲伦率船队环球旅行，在到达南美洲南端的一个海峡时，在南半球的星空中，发现了天顶附近的两个大星云。因为这是两个离我们最近的星系，所以肉眼也能看清。

后来，人们在北半球，用望远镜看到了著名的仙女座大星云，它距离我们220万光年。

到了20世纪70年代，人们有了射电望远镜，天文观测的视野更加广阔，可以看到离我们100亿光年远的星系，并发现了宇宙中存在着千姿百态、形状各异的星系。它们有的如旋涡，有的如棒槌，还有的呈不规则的形状。

自从太空望远镜——哈勃望远镜上天之后，它带给我们许多遥远星系的信息。1998年10月，哈勃望远镜朝着比以前更远的空间和时间望去，发现了有可能存在的120亿光年外的星系。这些星系是在宇宙刚诞生后不久形成的。

时光飞逝，进入了 20 世纪末，科学技术的不断进步，使我们拥有了一种叫"亚毫米共用辐射热测定仪阵列"的新型摄像仪，它使我们能更加深入地搜索遥远的宇宙空间并拍摄下它们的图像，清晰地分辨出掩藏在宇宙尘埃后面的星系。

不久前，在美国夏威夷凯克天文台工作的科学家向世界宣布，他们在室女星座方向，距地球 140 亿光年的地方，发现了一个极暗的星系，这是人类目前所发现的距地球最远的天体。

☞ 关键词：河外星系

宇宙中的星球会相撞吗

如果地球同其他星球靠得很近，同时又是面对面运动的话，也许有可能互相碰撞。

靠地球最近的星球当然是月亮，但是它同地球的平均距离就有 38 万多千米。月球有规则地绕地球运转，不会同地球相撞。

太阳离地球更远，平均距离约为 1.5 亿千米，如果你步行到太阳去，得走 3400 多年。地球又是规规矩矩地绕太阳公转的，因此根本撞不到太阳上去。

至于太阳系的其他行星，太阳的引力迫使它们各就各位，在自己的轨道上运行，相互之间也是不会碰撞的。

如果还谈到其他恒星，那就离得更远了。与地球最近的恒星，离我们有 4.22 光年，这就是说，每秒钟跑 30 万千米的光线，从那里射到地球上来，也得花 4 年零 3 个月。

太阳系附近的宇宙空间里，恒星之间的平均距离在 10 光年以上。所有的恒星运行也都是有规律的，太阳和所有银河系的恒星都围绕银河系中心在旋转，而不是没有规律地横冲直撞。因此在银河系内，恒星之间碰撞的可能性很小。科学家计算过，在银河系里，平均说来，恒星的相碰大约每 100 亿亿年才会发生一次。

太阳系中倒是会发生彗星和行星的相遇、流星的陨落等现象。例如，1910 年 5 月，地球从哈雷彗星尾巴中间穿过；1976 年 3 月 8 日，吉林地区降落了世界罕见的陨星雨；1994 年 7 月中旬，"苏梅克—列维 9 号"彗星撞击木星等。这些都是天体与天体的相撞，其中，陨星下落则是经常发生的碰撞现象。

关键词：**恒星　彗木相撞**

什么是类星体

类星体是一种新型的银河系以外的天体，它们的发现被誉为 20 世纪 60 年代天文学的四大发现之一。迄今为止，已发现了数千个类星体。

20 世纪 50 年代，天文学家用射电望远镜进行观测时，发现宇宙中存在着大量的射电源，即发出很强的无线电波的天体。但是，用光学望远镜观测时，有不少射电源却找不到相对应的光学可见天体。1960 年，美国天文学家马修斯和桑德奇利用口径 5 米的巨型望远镜，发现一个称为"3C48"的射电源

对应于一颗 16 等的暗星，其紫外辐射很强，光谱中有一些"莫名其妙"的发射线。两年后，在澳大利亚有人发现另一射电源"3C273"也对应于一颗暗星。1963年，旅美荷兰天文学家施密特拍摄了这颗恒星状天体的光谱，发现其中有 4 条谱线相互之间的关系很像是氢元素光谱中的 4 条谱线。这一发现启发了马修斯等人，他们重新研究了"3C48"的光谱，证实那些"莫名其妙"的谱线原来也都是由熟悉的元素产生的，只是这一天体具有 0.367 的红移量。人们经过分析研究，判定它们不是银河系内的恒星，而是河外天体。

对于这种类似恒星而并非恒星的天体，人们称它们为"类星射电源"。以后，通过光学观测又发现了一些在照相底片上具有类似恒星的点状像，在它们的光谱中，发射线也有很大红移，但不发出射电波，称之为"蓝星体"。蓝星体与类星射电源统称为"类星体"。

类星体的发现进一步证明了宇宙间物质的多样性，为研究银河系外天体的形成和演化规律提供了新的观测对象。根据它们在照相底片上呈现出类似恒星的点光源像，天文学家推算其星体大小不到 1 光年，或只及银河系大小的万分之一，甚至更小。

类星体的显著特点是具有很大的红移，即它以飞快的速度在远离我们而去。类星体距离我们很遥远，大约在几十亿光年以外，甚至更远，但看上去光学亮度却不弱，可见光区的辐射功率是普通星系的成百上千倍，而射电辐射功率竟比普通星系大上 100 万倍。

一部分天文学家认为，类星体可能并不位于由其红移值推算出的遥远距离处，而是在银河系附近。还有的人怀疑它的红移是否满足业已确立多年的哈勃定律。总而言之，对类星体的研究已构成了对近代物理学的挑战，而问题的解决，有可能使我们对自然规律的认识向前跨一大步。

☞ 关键词：**类星体　射电源　红移**

什么是星系团和超星系团

自从哈勃证实了河外星系的存在以来，迄今用大望远镜所发现的星系总数已超过千亿个。有趣的是，这些"庞然大物"在宇宙空间中的分布并不像是一盘散沙，而是进一步聚集成一种规模更大的天体系统，称为星系团。而且，星系的这种"群居"习惯比恒星更甚，绝大部分星系（至少 85% 以上）都是出现在星系团中的。当然，这样的"部落"大小不一，包含的星系个数相差极为悬殊。小的只有十几个或几十个，也称为星系群，比如我们银河系所在的本星系群。多的可以有几千个，甚至上万个成员星系，比如后发星系团。像这样的大"部落"一般都有一个或几个"首领"——巨椭圆星系，它位于星系团的中央，四周聚集着它的"亲信"——椭圆星系或透镜星系，而旋涡星系和不规则星系则散布在更加外围的区域。通常，这些星系"部落"在空间分布上也会三五成群，形成"群落"，这就是所谓的超星系团了。

这些星系团和超星系团就是星系的集团吗？这话当然也对，但是星系团中的成分还远远不止这些。天文学家通过卫星上的 X 射线仪观测发现，星系团中还聚集了大量的高温气体，也就是所谓的星系际介质。这些气体的质量相当于(甚至超过) 星系团中所有星系质量的总和。它们发出的 X 射线是宇宙中主要的弥漫 X 射线源。

光学和 X 射线的观测使我们了解到星系团的许多性质，其中有一个现象非常奇怪。天文学家通过对团内星系运动状态和气体温度的分析，可以用力学的方法测定整个星系团的质量，用这种方法测得的质量也叫位力质量。结果发现，星系团的位力质量比团中的星系和星系际气体的质量总和还要大得多，多达 5～10 倍。这些质量到底来源于什么物质呢?因为它们除了引力效应之外，没有其他任何信息可以被我们直接探测到，天文学上称之为暗物质。暗物质的构成至今还是一个谜。

现在我们知道了，星系团是星系、气体和大量的暗物质由于引力作用而聚集在一起的更加庞大的天体系统。至于它们神秘的起源与演化过程，以及它们又是如何集结在一起组成超星系团的,则是宇宙学研究中最基本的问题之一。

关键词:星系团 星系群 本星系群
超星系团 暗物质

星系会互相吞并吗

当我们观测宇宙时,发现它是个由大量的恒星、星团、气体和尘埃集聚在一起的庞大的天体系统,这种系统被天文学家称为星系。银河系就是一个普通的星系。银河系以外还有许许多多的星系,我们把它们叫做河外星系。星系的形态多种多样,人们根据它们的形态分类为椭圆星系、旋涡星系(包括棒旋星系)和不规则星系。星系的质量可大呢,一般是太阳质量的 10 亿 ~ 1000 亿倍。

这些庞然大物在宇宙中并非静止不动的,而是高速向外膨胀。在星系团内,星系的空间密度比较高,星系间的距离约为星系直径的 10 ~ 1000 倍。在引力的作用下,星系可以在几亿年的时间内就移动相当于本身直径那么大的距离。因此,在宇宙年龄 150 亿 ~ 200 亿年内,星系的碰撞是不可避免的。

一旦星系互相接近、交会甚至发生碰撞,潮汐力的作用便会对星系的结构、动力学状态以及星系内部恒星的形成产生巨大的影响。在碰撞过程中,星系中的气体云可能会坍缩,在激烈的爆发中形成几百万颗新恒星。哈勃空间望远镜最近拍摄的一张图像揭示了这一灾变的结果。在南天的乌鸦座有一对正在碰撞中的星系,它们都是旋涡星系。现在有相当多的天文学家认为，大部分较大的椭圆星系是由两个质量相当的旋涡星系相互吞并而形成的。

哈勃空间望远镜的最新观测结果，还揭示了星系碰撞有时可能导致类星体的诞生。两个碰撞星系中，其中一个星系中心的大质量黑洞，吸入另一个星系中的恒星和气体，随着物质大量掉入黑洞，会产生出一股非常强烈的辐射。

关键词：星系　星系吞并　类星体

宇宙是由什么组成的

我们居住的地球是太阳系的一颗大行星。太阳系一共有9颗大行星：水星、金星、地球、火星、木星、土星、天王星、海王星、冥王星。除了大行星以外，还有60多颗卫星、为数众多的小行星、难以计数的彗星和流星体等。它们都离我们地球较近，是人们了解得较多的天体。那么，除了这些以外，茫茫宇宙空间还有一些什么呢？

晴夜，我们用肉眼可以看到许多闪闪发光的星星，它们绝大多数是恒星，恒星就是像太阳一样本身能发光的星球。我们银河系就有1000多亿颗恒星。

恒星常常爱好"群居"，有许多是"成双成对"地紧密靠在一起的，按照一定的规律互相绕转着，这称为双星。还有一些是3颗、4颗或更多颗恒星聚集在一起，称为聚星。如果是10颗以上，甚至成千上万颗星聚集在一起，形成一团星，这就是星团。银河系里就已发现1000多个这样的星团。

在恒星世界中还有一些亮度会发生变化的星——变星。它们有的变化很有规律,有的没有什么规律。现在已发现了2万多颗变星。有时候,天空中会突然出现一颗很亮的星,在两三天内,会突然变亮几万倍甚至几百万倍,我们称它们为新星。还有一种亮度增加得更厉害的恒星,会突然变亮几千万倍甚至几亿倍,这就是超新星。

除了恒星之外,还有一种云雾似的天体,称为星云。不过,只有极少数星云在我们银河系内,这种星云由极其稀薄的气体和尘埃组成,形状很不规则,我们称它们为银河星云,如有名的猎户座星云。极大部分星云,实际上并不是云,它们是一些同我们银河系一样的星系,只因为离我们太远了,所以看上去像云雾般的形状,我们称它们为河外星系,现在已发现1000亿个以上的星系,著名的仙女座星系、大小麦哲伦星云就是肉眼可见的河外星系。星系也爱好"群居",常常几个、十几个聚集在一起,我们称它们为双重星系或多重星系,更多的星系聚集在一起,则构成了星系团。20世纪60年代以来,天文学家还找到一种在银河系之外的像恒星一样的天体,但它的光度和质量又和星系一样,我们叫它类星体,现在也已发现了数千个这种天体。

在没有恒星又没有星云的广阔的星际空间里,还有些什么呢?是绝对的真空吗?当然不是。那里充满着非常稀薄的星际气体、星际尘埃、宇宙线和极其微弱的星际磁场。随着科学技术的发展,人们必定可以发现越来越多的新天体。

关键词: 宇宙 太阳系 恒星 星团 河外星系 星系团 类星体

为什么说宇宙有限而无边

　　宇宙真大,它包容万物,无穷无尽,而现代宇宙学理论却指出宇宙有限而无边,这是怎么回事呢?

　　以我们日常生活的尺度来看,地球已是庞然大物,它的平均半径约 6371 千米,乘飞机绕地球一圈也得几十个小时。太阳的个头更是大得惊人,它的肚里可以容纳 130 万个地球。然而,太阳却只是银河系大家庭中的普通一员,银河系里有着千亿颗像太阳这样的恒星,要让跑得最快的"光"横穿银河系,至少也得花上 10 万年! 天外有天,银河系之外还有数不清的像银河系一样庞大的天体大家庭——星系。借助于越来越大的天文望远镜,我们可以看到越来越多、越来越远的天体,目前至少已可以看到 100 亿光年之外的天体,也就是说,我们目前所能观测到的宇宙大小至少超过 100 亿光年! 然而,我们观测到的宇宙还只是真

地球

太阳系

银河系

星系群

正宇宙的一部分,受到望远镜能力的限制,我们还看不到宇宙的全貌,还很难确定宇宙究竟有多大。

由此看来,我们的宇宙实在已经够大,远远超出我们的想象。但如果我们把宇宙定义成物理上可以理解的时间和空间的总和,它却并非无限大。天文观测表明,星系和星系之间都在彼此远离,而且距离越远,分离速度越快。这一现象,很像我们用力吹一个表面带花点的气球,气球越吹越大时,上面的花点也彼此越离越开。现代天文学研究揭示出,我们的宇宙就很像这样一个正在膨胀之中的气球。既然在膨胀,反推回去就应该在遥远的过去(至少100亿年以上)缩成一点。所以,宇宙很可能诞生于一次超级规模的"大爆炸",而从一个"点"中产生。虽然我们还不能确知宇宙究竟包含多少物质,但它无论在时间和空间上都肯定不是无限的。

但是这样一个有限的宇宙,我们却永远找不到它的尽头在哪里,宇宙没有边缘!怎么理解这种奇怪的现象呢?还是借助那个膨胀的气球吧,假如我们变成一种没有厚度的二维扁虫,注意:在二维扁虫的眼中只有前后左右,而没有上下。那么我们在球面上无论怎么爬,都找不到哪儿是尽头,对于这样一个扁虫来说,气球面就是有限而无边的东西。现在回到立体世界来,由于宇宙物质的引力作用,爱因斯坦的广义相对论已经证明,我们的三维立体世界在宇宙尺度上也是和气球面一样是弯曲的(很难想象是吗,可事实如此),正因为时空的弯曲,如果我们有机会在宇宙中航行,也一样会遇到永远走不到尽头的现象,这就是"宇宙无边"最基本的涵义。

关键词:**宇宙　星系**

宇宙中别的星星上有人吗

银河系有 1000 亿颗以上的恒星，它们全是炽热的气体球，表面温度达 2000～30000℃，甚至更高。在这种环境下，显然不可能有任何生命存在，当然更谈不上人了。

宇宙间，只有在那些不发光、有固体表面的行星上，人才有可能生存。这样，问题就变成了首先要解决除太阳之外，其他恒星也有自己的行星系吗？什么样的行星系才可能有人居住？

近代天文学告诉我们，太阳系不是银河系内唯一的行星系。例如，在太阳附近，半径为17光年的空间内，共有60颗恒星，在它们中间，带有行星系的估计不会少于10颗。

凡是行星系都能有人存在吗？不。先决条件是，作为行星系中心的天体是个什么样的恒

星。如果中央星是个时而宁静、时而爆发的变星就不行，它一发"脾气"，不仅行星上的人受不了，就是行星本身也难保不烧化。要是中央星是周期膨胀和收缩的变星也不行，忽冷忽热的"太阳"，行星上的生命是难以适应的。表面温度高达1万摄氏度以上的热星也不行，它的紫外线辐射太厉害，一切生命都无法生存。中央天体如果是相距很近的双星，那更不行，天上有两个"太阳"虽然壮观，要是有行星系的话，行星的公转轨道不是圆形的，而是一条十分复杂的曲线。行星时而接近两个太阳，烤得表面都熔化了；时而又跑到遥远的天边，成了酷冷的世界。温度变化范围那么大，怎么能住人呢？看来，只有类似太阳那样"稳定"的恒星，才具有得天独厚的条件，被它的行星所欢迎。天文学家把这种恒星叫做太阳型恒星。

尽管条件这样苛刻，限制这样严格，但在银河系中，具有合乎住人条件的行星系的太阳型

恒星,还是可能有百万个之多,其中有些应该存在文明世界。1960 年,国外有一项名叫"奥兹玛"(OZMA)的科研计划,研究人员用口径 26 米的射电望远镜,瞄准了两颗很有可能带有行星的太阳型恒星,它们都是我们的近邻,一颗是"波江座 ε",距离我们 10.8 光年;另一颗是"鲸鱼座 τ",在 11.8 光年处。天文学家共监测了 400 小时,试图接收到那里可能有的外星人向我们发出的讯号,这是人类试图搜寻地球以外生命的创举。30 多年来,已实施了多个类似的科研项目。

关键词: 行星系 太阳型恒星 奥兹玛计划

太阳系的其他行星上有没有生命

在太阳系里,除地球以外,别的天体上有没有生命呢? 这是长期以来人们一直关注的问题。

我们知道,生命的起源、生存和发展都要有一定的条件和适当的环境。那么,让我们去太阳系各大行星进行一次星际旅行,考察那里的环境是否具备生命存在的条件。

首先,让我们来看看离太阳最近的水星上的环境如何。水星大气极其稀疏,它的主要成分是氦。水星的表面温差极大,太阳直射时达 427℃,这样的温度足以使铅熔化;而在夜晚,温度又降至 - 173℃。虽然名为水星,它的表面却没有一滴水。这样的条件显然不适合生命存在。

人们对金星很感兴趣,至今已有 20 多艘飞船飞临金星考察,发现金星有浓密的大气,主要是二氧化碳,表面温度高达

480℃左右，就像一个高温高压的蒸笼。这里没有生命存在的痕迹。

火星是地球的近邻。它一直是人们认为最有可能存在生命的星球，然而遗憾的是，多次探测尚未发现火星上有生命存在的迹象。

接下来，我们再去拜访木星、土星、天王星、海王星这四个太阳系中的巨人。它们没有岩石结构的表面，而是由液态的氢、氦等组成，它们都有浓厚的大气层及固态的核，温度范围在 -220～140℃之间。这里没有发现也不可能诞生生命。

冥王星是目前已知的太阳系最外围的行星，人们对它知之甚少。它的表面平均温度约为 -220℃。冥王星上也不可能有生命存在。

既然对这些大行星的考察一无所获，那么，行星的卫星上会不会有生命呢？我们把目光放在土卫六上。飞船掠过土卫六近距拍摄的照片显示，该卫星呈橘黄色，像熟透了的柿子。为什么对它特别感兴趣呢？因为它不仅是仅次于木卫三的大卫星，直径达5150千米，而且更引人瞩目的是，它是太阳系中唯一有浓厚大气的卫星，它的大气比地球大气还要浓。大气的主要成分是氮，还有微量的碳氢化合物、氧化物、氮化物等，还可能有氢氰酸分子等有机分子。但是否有生命存在还需进一步探索。

另外，太阳系中的一些小天体，由于体积较小，不适合生命存在。如此看来，太阳系中只有地球上充满了勃勃生机。

关键词： 太阳系　地球　土卫六

229

火星生命之谜是怎么回事

晴朗的夜晚，我们有时可以看到天空中有一颗红色的行星，这就是火星。长期以来，人们一直对火星上是否存在生命很感兴趣。那么，这究竟是怎么回事呢？

火星很像地球，有坚硬的表面和四季的交替。当初，人们用望远镜观测火星时，发现火星上有细条纹，以及随四季变化的白色极冠。于是，有人认为这些条纹是火星人挖掘的"运河"。这使人们不禁产生联想，火星上也许和我们地球一样，是一片生机盎然的世界，那么我们人类就不再孤独了。

先后有 20 多艘空间探测器对火星进行了探测。其中，1976 年 7 月和 9 月，美国的"海盗 1 号"和"海盗 2 号"的登陆器还在火星表面软着陆。探测结果表明，火星大气很稀疏，不及地球海平面大气压的 1%，主要成分是二氧化碳（约占 95.3%）。极冠主要由干冰和水冰组成。火星上的细条纹也不是什么"运河"，而是干涸的河床，在古代可能曾有液态水流过。为探索火星生命之谜，"海盗号"探测器还进行了一系列生物探测实验，结果却令人失望，整个火星没有发现生命活动的痕迹。

最近，美国科学家通过对一块陨落于南极的火星陨星的研究，发现陨星中分布着微细管状结构，有人由此推测，这可能是火星上存在的原始微生物化石。虽然这种推测令人兴奋，但大多数科学家对此仍持谨慎的态度，认为得出这一结论的科学依据不足。

1997 年 7 月，美国"探路者号"探测器携带一辆名叫"漫游者"的六轮小跑车,在火星表面进行探测,结果证实了当初"海盗号"探测器的结论,这次火星探测也没有发现任何生命迹象,但这并不排除过去曾有生命的可能。在不久的将来,美国将送航天员去火星,这可能有助于进一步揭开火星生命之谜。

☞ 关键词: 火星　火星生命

什么是"地球名片"

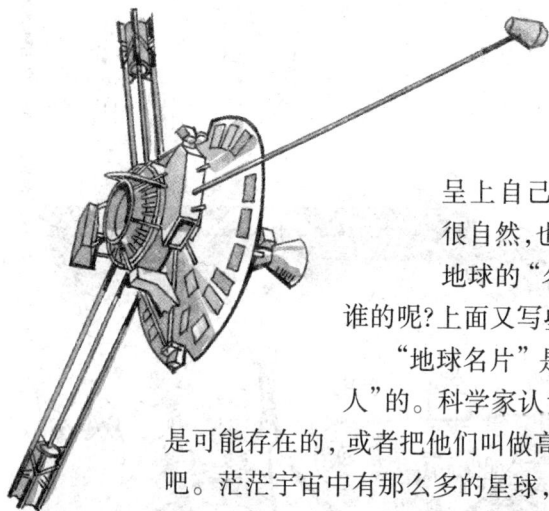

拜访或跟人联系,初次见面时,呈上自己的名片显得很自然,也很有礼貌。地球的"名片"是送给谁的呢?上面又写些什么呢?

"地球名片"是送给"外星人"的。科学家认为,"外星人"是可能存在的,或者把他们叫做高等智慧生物吧。茫茫宇宙中有那么多的星球,只要某颗星球上具备了像地球这样的环境和条件,以及有利于生物发展的其他条件,生命就会产生和发展起来。地球上的人类不是也决不可能是宇宙间的孤独者。尽管直到今天,我们还没有找到"外星人"的可靠线索，我们不妨在继续寻找的同时，对外发布消息，宣告人类的存在。也许"外星人"也正在宇宙的某个"角落"，向周围张望，寻找我们呢！

1972年3月和1973年4月，美国先后成功发射了"先驱者10号"和"先驱者11号"探测器，它们携带着两张完全一样的"地球名片"，

飞离太阳系,在茫茫宇宙中寻找"外星人"。

"地球名片"上写着什么呢?它是一块 22.5 厘米长、15 厘米宽的镀金铝板。"名片"的左半部从上到下是:氢原子的结构,氢是宇宙间最丰富的化学元素,哪儿的科学家都懂得这一点;放射线代表离地球最近的一些脉冲星的位置;最下面的一个大圆圈和九个小圆圈分别代表太阳和九大行星,探测器则是从第三颗行星——地球发射出去的。名片的右半部分主要是一男一女的画像,代表地球上的人类。尽管"外星人"的形态可能与我们有很大差别,科学家们相信人类的形象不大可能被误解,尤其是男的,正举手致意。

地球人自我介绍的这两张"名片",究竟会在何年何月到达哪个天体上哪位"外星人"的手中,谁都无法说清楚了。

关键词:地球名片　外星人
　　　　"先驱者号"探测器

什么是"地球之音"

1977 年 8 月和 9 月,人类成功发射了"旅行者 1 号"和"旅行者 2 号"探测器,再次向"外星人"作了更详细的"自我介绍"。这次,它们各自携带了一张称为"地球之音"的唱片,上面录制了丰富的地球信息。这两张唱片都是镀金铜质的,直径为30.5 厘米。唱片上录有 115 幅照片和图表,35 种各类声音,近60 种语言的问候语和 27 首世界著名乐曲等。

115 幅照片中包括我国八达岭长城,以及中国人围坐在圆桌旁吃筵席的情景。此外还有太阳系、太阳在银河系中的位置和银河系大小等示意图，卫星、火箭、望远镜等仪器设备和各种交通工具的图片，等等；35 种声音包括风、雨、雷电声，火箭起飞和交通工具行驶时的声音，以及成人的脚步声和婴幼儿的哭笑声；60 种问候语中有 3 种是我国南方的方言，即广东话、厦门话和客家话；27 首著名乐曲中有贝多芬的交响曲，脍炙人口的圆舞曲，以及用古琴演奏的中国乐曲《流水》，等等。

两张唱片将在何时、被哪颗星球上的智慧生物捡拾到呢？我们不得而知。从它们现在飞行的方向来看，公元 4 万年时，"旅行者 1 号"将从一颗很暗的星（AC + 793888）附近飞过，而"旅行者 2 号"将在公元 35.8 万年时飞越天狼星。如果在这些星及其附近空间存在智慧生物的话，它们有可能被截获。

那些肩负重任的探测器，在宇宙中与"外星人"相遇的机会少得可怜，它们有可能要在茫茫宇宙中遨游几十万年、几百万年甚至上亿年。为了保护这些地球信息不受损坏，完好地到达宇宙深处可能存在的智慧生物手里，唱片外面还包了一层特制的铝套，可使唱片保存 10 亿年而不毁坏。

☞ 关键词：地球之音 "旅行者号"探测器 外星人

"飞碟"是天外来客吗

1947 年 6 月的一天，一位美国人正驾驶着飞机在天空飞

234

行。突然，他发现有几个巨大的圆盘形的东西向华盛顿州的莱尼尔山峰飞去。事后他估计这几个"怪物"的直径有30多米。这消息一下成了轰动一时的世界新闻。因为这种"怪物"是圆盘形的，所以人们称它为"飞碟"。

从1947年发现"飞碟"以来，有成千上万的人自称亲眼目睹过"飞碟"。"飞碟"究竟是什么东西？是从什么地方飞来的？人们对此众说不一，其中最激动人心的说法是："飞碟"是其他星球上高等智慧生

物发射来的飞船。

"飞碟"果真是天外来客吗?

生命应该是宇宙间的普遍现象,在无限的宇宙中,除了地球上有人类存在以外,在其他星球上,只要有适当的条件,同样可能存在着生命,甚至存在高度智慧的生物——"外星人"。但是,为使生命得以在一颗星球上发生和发展,并且不致半途夭折,不仅这颗星球必须具备生命存在和发展的条件,而且它所属的恒星也必须在数十亿年内处于一个大体上是稳定的状态和合适的宇宙环境。有人估计,在我们银河系1000多亿颗恒星中,具备这种条件的星球不超过100万颗。即使这100万颗星球都存在生命,并都发展成为高等智慧生物,掌握了高超的航天技术,他们每年各派一艘飞船在银河系内进行考察,那么一艘太空船进入我们太阳系的机会也是万载难逢的。

从上面的分析看来,"飞碟"是天外来客的可能性实际上可以排除,而这样多的关于"飞碟"的报道,更是不可能有这么多天外来客的。

那么"飞碟"究竟是什么呢? 1969 年,美国一个由专家组成的小组,对 1.2 万多起"飞碟"案例作了调查。结果表明,绝大多数所谓"飞碟"都是由多种因素引起的误会。其中有的是人造卫星重返大气层后焚烧的碎片;有的是飞机或气球;有的是云块、球状闪电和海市蜃楼一类的大气现象;有的是鸟群或昆虫群,例如蝴蝶群;有的是流星、彗星;有的是雷达假目标;还有的是人们的心理和生理因素造成的错觉和幻觉;更有一些则是故意编造的恶作剧。因此,尽管"飞碟"是天外来客的说法非常令人激动,但这种说法的真凭实据至今却一个也没有找到。

关键词：飞碟　外星人

什么是宇宙绿岸公式

浩瀚无垠的宇宙,除了地球之外,别的星球上还可能隐藏有智慧生物——"外星人"吗？1974 年,在庆祝地球上最大的望远镜换面典礼上，人们就曾给可能存在的外星文明世界发去了第一封电报；1972 年和 1977 年,人们又先后派遣"先驱者号"和"旅行者号"探测器,让它们携带着"地球名片"和"地球之音"的唱片,在茫茫宇宙中寻找人类的朋友。

然而,这些被我们热切盼望着的"外星人"究竟隐藏在宇宙的什么地方呢?这是一个至今尚未揭晓的自然之谜。宇宙绿岸公式便是企图用数学推理的方法，对这一疑谜作出回答的一种尝试。虽然它不是直接回答何处可能存在"外星人",但它却可以对"外星人"在宇宙中可能存在的数量,作出一个较为合理的估计。

绿岸公式认为,茫茫的宇宙就像是无垠的沙漠,那居住着高等生物,特别是拥有高度技术文明的生物的星球,就像是浩瀚沙漠中的几个孤零零的、被相互隔绝开来的一小片"绿洲",而这些"绿洲"的数量 N,可由一系列因素的乘积求得,即 $N = R_* f_p n_e f_l f_i f_c L$。公式中一连串相乘的符号分别代表什么意思呢?$R_*$ 表示恒星的平均诞生率，f_p 表示拥有行星系的恒星所占的比例,n_e 表示具有行星系的恒星周围存在可居住行星的比例,

f_l 表示在众多可居住行星中真正拥有生命的行星所占的比例，f_i 表示在拥有生命的行星中拥有智慧生物的行星所占的比例，f_c 表示在拥有智慧生物的行星中具有星际通信能力的行星所占的比例，L 则表示高技术文明可能延续的年限。

根据上述各项因素的估计值，可以算出，银河系中可能拥有高技术文明的天体是 2484 颗，这与银河系中至少有 1000 亿颗恒星比起来，实在少得可怜。难怪我们费了九牛二虎之力，仍未找到"外星人"的蛛丝马迹。

上述绿岸公式是美国著名的"外星人"问题研究专家弗兰克·德拉克于 1960 年提出来的。应该指出，这并不是唯一的宇宙绿岸公式。继德拉克之后，也有另外一些研究者从不同的角度对"外星人"在宇宙中存在的可能性进行了探索。例如，美国著名科普作家和天文学家阿西莫夫，就曾提出了另一个考虑了更多因素的绿岸公式。根据阿西莫夫的绿岸公式，银河系中可能存在的高技术文明的天体，大约有 2.8 万颗。虽然这个数字比上述结果大了 10 倍，但所占的比例仍然是十分微小的。可见，在满天闪烁的星星中，要找到"外星人"的藏身之所，是一项多么艰巨的任务。

> 关键词：宇宙绿岸公式　外星人

为什么把太空称为人类的第四环境

陆地、海洋、大气层是我们人类和地球上所有生物所处的生存环境，在这些地方几乎处处有生命现象存在。陆地是地球表面没有被海水淹没的地方,是人类最主要的活动区域,称为人类的第一环境。而地球表面的大部分区域被海水所浸没,也就是常说的海洋,称为人类的第二环境。地球还被一层厚厚的大气层覆盖,大气层虽然没有陆地和海洋那样容易直接观察,但它是气候变化的重要因素和保护人类免遭宇宙线和陨星袭击的保护层,被称为第三环境。

1981 年,第 32 届国际宇航联合会把外层空间定为人类的第四环境。所谓外层空间,一般定义为距地球表面 100 千米以上高度的空间,也称为太空。虽然在距地球表面几千千米的高度还有微量的地球大气的存在,但是,在 100 千米的高度上,空气的密度已是地表大气的百万分之一。一般的航空器的空气动力作用已十分微弱,人类借助发射各种航天器在太空中活动,这和人类在地面上驾驶汽车,在海面上驾船航行,在大气层开飞机的涵义是一样的。当然,在太空的高真空环境中,除了人类外,没有其他任何自由生存的生物。这一点和陆地上有牛羊、海洋里有游鱼、大气中有飞鸟这三个人类环境是完全不同的。

那么,第一、第二、第三、第四环境的排列次序是随意的吗?不是的。这是根据人类对自然环境的认识过程和人类文明的进程而排列的。人类文明起源于陆地。随着渔业的发展,探险和寻找新大陆活动的增加,人类活动逐渐发展到海洋。在 20 世纪初,人类的活动发展到大气层。直至 20 世纪 50 年代,人类才闯入寂静的太空。

关键词: 太空 第四环境

为什么人类要开发空间资源

往地下打井，可以找到水，这是水资源；开矿采煤，取得能源，这是矿产资源。在太空中处于真空状态，虽然物理学上把真空也定义为物质，但是在形态上它还是"一无所有"。那么，太空中有什么资源可以开发呢？

俗话说，站得高，看得远。坐在飞机上看地面，没有东西阻挡，高山和河流会变得很小，视野非常开阔。如果在航天器中从太空看地球，那么看到的区域就更大了，甚至可以把整个地球"尽收眼底"。高和远也是一种重要的资源，称为空间高远位置资源。

一般航天器最低轨道距离地面也有 200 千米，这是利用空气动力学原理而制造的飞机、飞艇、热气球远远不及的；航天器可以与地球相对静止，没有国界和地理限制，是地面上巨塔、高山无法比拟的；航天器可以迅速绕地球运行，活动范围当然比飞机大得多。

航天器在太空的位置越高，它可以看到地球表面的范围就越大。那么，是不是越高越好呢？也不是。把一本《十万个为什么》放在地上，在 1 米的高度，封面上的字还能看清楚；但是你跑到 4～5 米高的二层楼看地上的这本书，封面上的字已经看不清了；如果在几百到上千千米的航天器上，可能连这本书都找不到了。所以，位置越高，范围越大，信息密度却越低。随着技术的进步，各种高分辨率的地面观测仪器被装在航天器上面，来弥补信息密度不足的缺陷。这好比你在二层楼用望远镜来看地面上的一本书一样。

利用空间高远位置资源的典型代表是地球静止轨道上的静止航天器。它悬于地球赤道上空 3.6 万千米,以与地球相同的角速度,绕地心以赤道为平面的圆形轨道旋转。一个静止航天器可以覆盖地球五分之二的区域。如果在这个圆形轨道上,以等角三角形均等分布三个航天器,就可以负责除了地球南北极地区域外的所有地区的观测和通信任务。

资源是有限的,空间高远位置资源也是如此。上述的地球静止轨道就只有唯一一条。这条比较有利的轨道位置一旦被占有,别人就无法再去开发了。

除了空间高远位置资源外,空间资源还有高真空高洁净环境资源、微重力环境资源、太阳能资源和月球资源。不过,在 20 世纪,真正为人类带来巨大经济效益和社会利益的还是空间高远位置资源的开发。

关键词:空间资源　空间高远位置资源

为什么太空垃圾会威胁航天活动

自从人类开始航天活动以来,火箭发射后的遗骸、失效的人造航天器等自行爆炸或互相碰撞,形成越来越多的空间碎片。这些空间碎片长期滞留在地球的外层空间,被称为太空垃圾。太空垃圾在不同高度、不同轨道平面上运行,在地球周围形成一层层的"包围圈",严重污染了地球的外层空间环境。

太空垃圾的存在,使得航天器的发射和运行受到严重威胁。太空垃圾往往以极高的速度绕地球飞行,如果航天器在发射或运行过程中，与某颗空间碎片发生撞击，那么，由于它们之间相对速度非常大，航天器将会受到严重损坏。1996年7月24日，法国的一颗人造卫星突然发生翻转，不再面朝地球，完全失去控制。经过仔细观测和研究，这颗卫星用于姿态控制的重力梯度杆，被一块空间碎片撞了一下，从而使得这颗卫星失效。这次"太空事故"的"肇事者"就是欧洲的"阿里安"火箭发射后留在空间的碎片。

当然，如果载人航天器与太空垃圾相撞，后果更是不堪设想。1991年，美国的"阿特兰蒂斯号"航天飞机在飞行途中，地面监测中心发现，在航天飞机预定的轨道上有一块较大的空间碎片。为了及时避让太空垃圾，地面指挥中心的专家们紧急计算了航天飞机和这块空间碎片各自的轨道，然后命令航天飞机迅速下降。虽然后来航天飞机安然无恙，但是以太空安全飞行的距离标准衡量，这块空间碎片几乎是与航天飞机"擦肩而过"，十分危险。

一些表面积大、又很光亮的太空碎片，在太空中会反射光线，直接对天文观测和空间实验产生很大的干扰。

许多太空垃圾是原来航天器的核动力装置，如果这样的太空垃圾的轨道太低，速度越来越慢，就有可能坠落到地球表面，直接造成核辐射污染。

所以，如果不加控制地任意向太空发射航天器，地球有可能最终被厚厚的太空垃圾层封闭，使航天活动严重受阻。现在，世界各国已认识到这个问题的严重性，并从改进火箭和航天器的设计及进行国际立法来限制太空垃圾的增加。

关键词： 太空垃圾　空间环境

为什么许多科学实验只能在太空中完成

人类已经进入了太空时代,科学家们正不惜一切努力,把许多实验和生产活动搬上太空,这是为什么呢?原来太空中有许多在地面上所没有的优越条件。

太空中的高洁净、高真空和微重力环境,是它赋予人类的一大"财富"。太空既没有空气也没有地面上严重的污染,特别是微重力这个资源,对于农业和工业生产具有十分重要的意义。我国从1987年起利用返回式卫星在天上滞留期间,进行了多次农作物种子搭载,充分利用太空环境进行太空育种实验。科学家发现,太空环境对植物种子有很大的诱变作用,从产生变异的种子中可以快速、便捷地获得高产、优质、抗病的作物新品种。经过卫星搭载的水稻种子,出现了生育期提前5～21天的大穗、大粒、早熟、高产的新品系;卫星搭载的小麦,产量比原品种提高8.6%;卫星搭载的青椒种子经过8年优选,亩产可达3.5吨以上,比原品种增产20%以上,维生素的含量也提高了20%,"一颗青椒一盆菜"已成现实。在地面上培养一种新的农业新品种,科学家一般要花上10多年甚至毕生精力,而利用太空优势,这个过程就可以大大地缩短。

地球上的所有物质特性、物质生产都会受到地球重力的影响,因此很多优质的材料在地面上无法生产,而在太空则不同,由于失重,不同密度物质的沉淀和分层现象消失,含有几种元素的熔融态金属,不论它们的密度相差多大,由于在凝固结晶过程中不存在热扰动,因此可制造出成分非常均匀的合金或金属基复合材料。

在微重力条件下，由于无浮力，液滴较之地面更容易悬浮，冶炼金属时可以不使用容器，进行悬浮冶炼。这样可使冶炼温度不受容器耐温能力限制，进行极高熔点金属的冶炼，还可避免容器壁的污染，改善合金的晶相组织，提高金属的强度和纯度。没有浮力还可以使液体中的气泡排不出去，利用这种特性可以造出质量轻、强度大、刚性好、地面上很难生产的泡沫金属。

微重力环境里，气体和熔体的热对流消失，这可以在太空中制造出一些高纯度、大尺寸半导体单晶和分离出活的细胞和蛋白质，从而造出纯度很高的化学物质、生物制剂和特效药品。在地面上很难制出高纯度的药，即使生产出来也要付出极大的代价，有时为了取得 1 克的生物物质，往往需要用几十吨的原料。太空制药与地面相比，药品纯度可提高 5 倍，提纯速度可提高 400～800 倍，一个月的产量相当于地面上的 30～60 年的产量。

所以说，太空是人类的一个得天独厚的实验室。

关键词：太空环境　太空实验室
　　　　太空育种　太空制药　微重力

怎样才能飞出地球

在地球上我们无论向上抛什么物体，物体总是会落回地面，抛扔的力量无论有多大，物体最多只是在地面的上空画出一条长长的弧线，最后还是回到地球。比如，用力踢出足球和

244

射向高空的炮弹,都无一例外。

这是因为地球对物体的万有引力作用。地球上的任何物体都逃脱不了地球引力的束缚。

人造卫星是怎么飞出地球,逃脱地球引力的束缚的呢?这是因为科学家赋予了它巨大的速度。

为了回答逃脱地球的速度该有多大,我们得讲一讲离心力。大家知道,月球和地球之间也有万有引力,为什么月球掉不下来呢?原因在于月球不断地绕地球旋转,在月球旋转的时候,它产生了离心力,这股离心力足以抗衡地球引力对它的束缚。所以它高高地悬挂在天上而不会掉下来。

因此,要让发射的人造卫星绕地球旋转而不掉下来,就需要使它具有能抗衡地球引力的离心力。

科学家算出,离心力的大小与圆周运动速度的平方成正

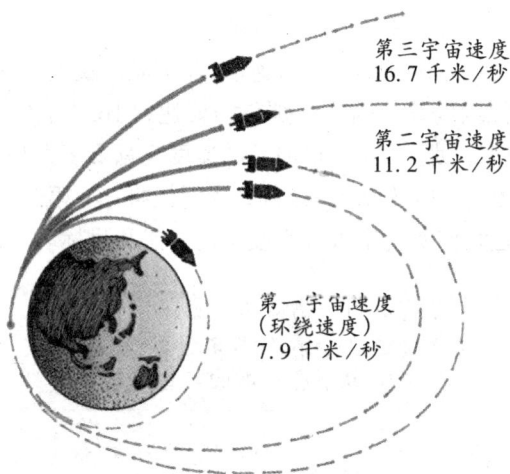

第三宇宙速度
16.7千米/秒

第二宇宙速度
11.2千米/秒

第一宇宙速度
(环绕速度)
7.9千米/秒

245

比。据此我们可以算出，要使物体不落回地面的速度是7.9千米/秒，也就是说，物体如果达到7.9千米/秒的速度，它就会永远地绕地球运行而不会从天上掉下来。我们称之为第一宇宙速度，也叫环绕速度。

7.9千米/秒是个很大的速度。我们知道，声音在空气中的传播速度为334米/秒；风驰电掣般前进的火车，每秒钟只能跑20米。正是因为这个第一宇宙速度非常之大，所以在现代火箭发明之前，人类无法实现送人造卫星上天这一壮举。

如果物体的速度超过7.9千米/秒又会是什么样呢？通过计算和实验我们知道，这时物体的运动轨道将不是圆形而成了椭圆。速度越大，椭圆就压得越扁。当速度达到11.2千米/秒的时候，这个椭圆就合不拢来了。也就是说，物体将会逃离地球的束缚，飞向行星际空间。所以，11.2千米/秒，我们称它为第二宇宙速度，也叫脱离速度。人们若想要飞到月球或别的行星上去，就要达到这样的速度。

但是，物体达到第二宇宙速度，还不能摆脱太阳的控制。若是要到太阳系外去旅行，那就需要达到16.7千米/秒的第三宇宙速度。那么，脱离银河系的速度究竟要多大？科学家估算出在110～120千米/秒之间，我们就叫它为第四宇宙速度吧！它将是我们实现未来太空漫游的梦想和目标。

关键词：万有引力　离心力　第一宇宙速度
环绕速度　第二宇宙速度　脱离速度
第三宇宙速度　第四宇宙速度

为什么发射航天器要用多级火箭

在太空中运行的各类航天器，都是用火箭把它们送到太空中去的。

飞行在太空中的航天器（卫星、飞船、空间站及航天飞机等），只有速度达到 7.9 千米/秒（第一宇宙速度）才不会掉到地面上来；飞到月球上去的宇宙飞船，速度是 11.2 千米/秒（第二宇宙速度）；如果要飞到其他行星上去，速度还要更大一些。

怎样才能使这些航天器达到这样大的飞行速度呢？只有火箭才能胜任这一任务。火箭是靠往后喷出高速气体产生的反作用力前进的，是当今唯一可在真空中使用的飞行运输工具。

俄国科学家齐奥尔科夫斯基早在 20 世纪初就指出，要提高火箭的飞行速度，出路有两条，一是提高火箭发动机的喷气速度，二是提高火箭的质量比（火箭起飞时的质量与火箭发动机熄火时质量的比值）。要达到很高的飞行速度，除了要求有很高的喷气速度外，还要求火箭的质量比越大越好，即壳体做得又轻又大，能装贮更多的燃料。

虽经过科学家们几十年的努力，采用当今最好的燃料和最轻型的材料，以及最先进优化的设计，但目前用一台或几台发动机组成的单级火箭，其最大速度也只能达到 5 ～ 6 千米/秒，远远达不到第一宇宙速度的目标。

出路在哪里？好在齐奥尔科夫斯基早就提出了"火箭列车"的思路，即把火箭串联或并联起来飞行，质量一级一级地减少，速度一级一级地增大，最后达到和超过第一宇宙速度，这就是多级火箭。它把两个以上的火箭，头接尾、尾接头地衔接在一起。当第一级火箭燃料用完以后，它就会自动地掉下来，接着第二级火箭立即发动；第二级火箭燃料用完后也自动地掉下来，接着第三级火箭发动起来……这样就会使装在最前一级火箭上的卫星或飞船达到 7.9 千米/秒以上的速度，成为遨游太空的"新客人"了。

科学正在不断地发展和进步，待更新型的燃料和更先进的又轻又坚固的材料出现后，只用一级火箭去发射航天器的时代就会到来。据科学家预测，这种先进的单级运载火箭，十年之后就会变成现实。

关键词：运载火箭　多级火箭　卫星发射

什么是捆绑式火箭

为了战胜地球引力进入太空，我们必须利用火箭。然而单级火箭是达不到这个目的的。俄国科学家齐奥尔科夫斯基首先提出了"火箭列车"的概念，就是把两节以上的火箭串联或并联起来，组成一列多级火箭来提高火箭的速度，最终使末级火箭达到第一宇宙速度。

多级火箭利用了一种质量抛扔原理，即火箭发射后，把已经完成任务的无用的结构抛掉，使火箭发动机的能量最大限度地用于提高火箭的动能，从而间接地减轻火箭的结构质量，实现"轻装前进"。这样,在使用同样性能的火箭发动机和相同技术水平的箭体结构的条件下,用单级火箭无法达到的第一宇宙速度,而用多级火箭就能实现。

世界各国现有运载火箭数十种,其大小不等,形状各异,但其结构形式基本上分为两类:一类是各级首尾相连的串联式火箭;另一类是下面两级并联、上面一级串联的火箭,也称捆绑式火箭。运载火箭的大小,由其飞行任务的有效载荷和飞行轨道而定。若飞行轨道相同,有效载荷越重,则火箭起飞质量也越大;若有效载荷不变,飞行轨道越高,火箭的起飞质量也越大。在通常情况下,发射一颗质量为 1 吨的卫星,运载火箭质量为 50~100 吨。如美国发射阿波罗载人登月飞船的"土星 5 号"运载火箭,全长 110.7 米,直径 10 米,起飞质量为 2840 吨;而阿波罗飞船的质量只有 41.5 吨。"土星 5 号"是目前世界上最长的"火箭列车",它由三级火箭串联而成。

大多数"火箭列车"都属于串联式多级火箭,因为这种火箭的级间分离容易实现,成为运载火箭首选的结构。而捆绑式火箭是把若干助推火箭均匀地成双捆绑在芯级火箭的四周,火箭发射后助推火箭首先工作,完毕后再与芯级火箭分离。捆绑式火箭的最大优点是可以明显缩短整个火箭的长度,因为助推火箭不单独占有火箭的长度,从而避免了因火箭细长比太大而给结构制造和飞行所带来的种种困难。由于捆绑上去的火箭不增加火箭的总长,我们也把这部分的火箭称为半级火箭,如两级火箭加上捆绑,就称作两级半火箭。

但是,捆绑式火箭在技术上难度更大。因为火箭在飞行中级间分离,一要绝对安全可靠,二要不因分离而影响芯级火箭的工作和姿态。捆绑式火箭采用侧向分离,相对串联式火箭的纵向分离，技术复杂性要高得多了。我国的"长征二号 E"和"长征三号 B"运载火箭，就是在原有的二级和三级火箭基础上，分别在芯级增加了四个捆绑上去的助推火箭。相对未捆绑的火箭，它们的运载能力都提高了 3 倍多。

首次把捆绑技术应用在火箭上的，是前苏联著名的航天总设计师科罗廖夫。1957 年，他用一枚洲际导弹作芯级，在其周围捆绑 4 台助推火箭，成功地发射了世界上第一颗人造地球卫星。

捆绑技术除在运载火箭上广泛使用外，某些导弹武器也有采用。

> 关键词：运载火箭　多级火箭　捆绑式火箭

为什么发射火箭要沿着地球自转方向

大家都知道，跳远运动员在起跳前，先要助跑一段距离；而掷铁饼运动员，则是先转上几圈，再将铁饼投掷出去。这都是利用惯性，使人在起跳前、铁饼在出手时，就有了一定的初速度，可以比静立着跳得更远、投得更远。

发射火箭之所以要顺着地球自转的方向，道理正跟跳远和投掷铁饼一样，因为地球上的物体都随着地球的自转一起转动。根据惯性原理，如果顺着地球自转方向发射火箭，火箭在离开地球时就已经有了一个初速度，这个初速度的大小就是地球自转的速度。

地球由西向东自转，地球自转的线速度并不是全球各点都一样的,越近南北极,线速度越慢;越近赤道,线速度越快。在南北极的中心点上,线速度几乎等于0,可是在赤道上,线速度可达465米/秒。要使火箭绕着地球飞行不落到地球上来,那就需要使火箭达到7.9千米/秒的第一宇宙速度;要使它飞向月球,就需要达到11.2千米/秒的第二宇宙速度。要达到这样的速度,当然首先要依靠火箭本身的推力,可是如果火箭在赤道上发射,那么因为有465米/秒的初速度可借,火箭的推力略为小一点点,问题也还不大。

当然,如果发射火箭的推力大到足够的程度时,就不一定要借用地球自转的速度了。不过无论从科学上、经济上来考虑,沿着地球自转方向发射火箭,借用地球自转的速度总是有利而无弊。

☞关键词: 发射火箭　地球自转

为什么一枚火箭可以发射多颗卫星

发射卫星的传统方式是用一枚火箭发射一颗卫星。而用一枚火箭同时发射多颗卫星进入轨道,则是一种先进的航天发射技术。因为准备一次火箭发射,需要耗资数千万元和历时数年,工作量相当大,涉及范围也十分广,而且每次发射难免要承担一定的风险。一箭多星就能以较少的代价取得较多的效益,所以它从一个方面代表了一个国家航天技术的水平。

一箭多星技术一般采用两种发射方式,其一是将多颗卫星一次投放,进入一条近似相同的运行轨道,卫星之间相距一定的距离；其二是利用多次起动运载火箭的末级发动机，分次分批地投放卫星，使各颗卫星分别进入不同的运行轨道。显然，后者的技术就更为高超。

为了实现一箭多星，需要解决许多技术关键。首先是要提高火箭的运载能力，以便把质量更大的数颗卫星送入轨道。其次是需要掌握稳定可靠的"星—箭分离"技术，做到万无一失。运载火箭在最后的飞行过程中，卫星按预先设计的程序从卫星舱里分离出来，既不能相互碰撞，又不允许相互污染。还需选择最佳的飞行路线和确定最佳分离时刻，使多颗卫星在各自的轨道上"就位"。另外，还必须考虑运载火箭装载多颗卫星以后，火箭结构刚度和重心分布发生变化，会使火箭在飞行中难以稳定，多颗卫星和火箭在飞行中，所载的电子设备可能会发生无线电干扰等特殊问题。

最早实现一箭多星技术的国家是美国。1960年，美国率先用一枚火箭成功发射了两颗卫星。1961年，又实现了一箭三星。前苏联也多次用一枚火箭发射了八颗卫星。我国于1981年9月20日开始，用"风暴1号"火箭发射了三颗科学试验卫星，成为世界上第四个掌握一箭多星技术的国家。从1981年至今，已进行了12次一箭多星的发射，次次成功，分别一次把三颗卫星或两颗卫星送入预定轨道，包括许多国外的卫星在内。这表明我国的一箭多星技术已达到相当高超的水平。

关键词：**卫星发射　一箭多星**

为什么火箭没有机翼也能改变方向

飞机上面都装有机翼,包括尾部的升降舵和方向舵。它利用升降舵的上下或方向舵的左右运动,来改变飞机的飞行姿态,这是因为迎面吹来的气流对这些舵面产生了作用力的结果。但是火箭大多数时间是飞行在大气层以外,那里没有空气,那么改变火箭的飞行方向靠什么办法呢?

靠的就是火箭内部的"驾驶员"——飞行控制系统。这个系统有两大作用,一是控制火箭向前飞行(由火箭发动机提供推力);二是控制火箭的姿态(使火箭俯仰、偏航或滚动)。火箭的飞行控制系统靠敏感元件(类似人的眼睛),去"观察"火箭的飞行状态是否正常(与预定的路线作比较),如发生偏差,立即报告"大脑"(箭上计算机),经过分析思考(计算机进行各种计算),最后向执行机构(类似人的手和脚)发出修正指令,控制火箭沿正确的方向飞行。

火箭在真空环境里飞行时,如果用类似飞机的空气舵,自然就不起作用了,需改用燃气舵和摇摆发动机。燃气舵安装在发动机喷管的尾部,用石墨或耐高温的合金制成,当发动机燃烧室喷射出来的高速气流作用在舵面上时,就会产生控制力以改变火箭的姿态。摇摆发动机是将发动机安装在可变动推力方向的支架上,用改变推力的方向来达到改变火箭姿态的目的。因此,火箭的外型多是圆柱体,光秃秃的,它虽然没有机翼,但同样也能随心所欲地改变飞行方向。

关键词: 飞行姿态　飞行控制系统

为什么火箭发射采用倒数计时

1927 年,一批早期的宇航爱好者在德国成立了宇宙航行协会。不久,他们接受了为一部科幻电影《月里嫦娥》制造一枚真实火箭的任务。但由于缺乏经验,这枚真实的火箭始终未能制造出来,反而是制片商把一枚模型火箭先制造出来了。在拍摄影片的过程中,为了发射模型火箭,导演弗里茨·兰首创了倒数计时的发射程序。这种计时程序,既符合火箭发射规律和人们习惯,又能清楚地表示火箭发射的准备时间在逐渐减少。

10 分钟准备,5 分钟准备……1 分钟准备,直到发射前 10 秒钟,而后是 10、9、8……3、2、1,起飞! 这种倒数计时,会使人产生准备时间即将完结,发射将要开始的紧迫感觉。

电影成为这种发射模式的先导。之后,德国在 20 世纪 30 年代制成第一枚试验火箭,以及 40 年代初研制"V－2"火箭时,都采用这种倒数计时的发射程序。40 年代后,美国和前苏联研制的火箭和导弹,发射时也都采用了这种程序。它把火箭在起飞前的各种动作按时间程序化,既严格又科学,真是"万无一失"。

目前,世界各国的火箭、导弹和航天飞机的发射,自然就一直沿用这种倒数计时程序了。

关键词:火箭发射 倒数计时

人造卫星会掉下来吗

人造卫星在预定的太空轨道上运行，一般是不会掉下来的，因为地球对它的引力和卫星的离心力保持着一种平衡的状态。可是，卫星的轨道会因这样和那样的问题发生微妙的变化，如近地空间的空气阻力、太阳辐射的压力以及其他星球的引力等等，都会妨碍卫星的正常运行，致使卫星有掉下来的可能。

为了保证卫星正常的运行姿态，科学家为卫星设计了自旋稳定的方案，也就是让它环绕自身的轴线快速地飞转。因为一个向前运动的物体，同时快速自转，运动的方向就不会受到外界的影响，运行姿态比较稳定。

卫星的自旋稳定装置，是它尾部的一个小喷嘴。在卫星脱离最后一级火箭时，安在卫星尾部的小喷嘴就会喷出气体，使卫星快速地飞转。对于一些不适合通过自旋来保持稳定的卫星，另外设有自动纠偏系统，当卫星偏离轨道时，会适时作出反应，产生推力，让卫星正常运行。

可是当航天器完成了它的使命，科学家就有可能人为地让它从太空掉下来，自动坠毁。不过这得考虑到地面上人和物的绝对安全。

比如，著名的"和平号"空间站，近年来，由于设备老化，故障不断，自1999年8月到2000年4月，一直在无人状态下飞行。俄罗斯航天部门因不堪重负，曾决定让"和平号"空间站坠毁。庞大的航天器坠落，是一项复杂的工程。"和平号"的主舱及与其相接的"量子1号"、"量子2号"、"晶体号"、"光谱号"、

"自然号"等 5 个舱室组成了重达 124 吨的轨道联合体,它们坠落时不可能在大气层中完全烧毁,一旦碎片落入人口稠密的地区,后果就不堪设想。为了使"和平号"空间站安全坠落,俄罗斯计划在一切准备妥当以后,地面控制中心向"和平号"发出坠落指令,让它安全坠落在太平洋的无人区域。

后来,这项坠毁计划并未实施。"和平号"空间站因经费到位,航天员经过 70 多天的努力,又一次修复并"唤醒"了"和平号"。预计它将继续工作 2~3 年,之后,"和平号"仍会安全坠落于太平洋。

☞ 关键词:人造卫星 "和平号"空间站

为什么人造卫星环绕地球的
轨道不一样

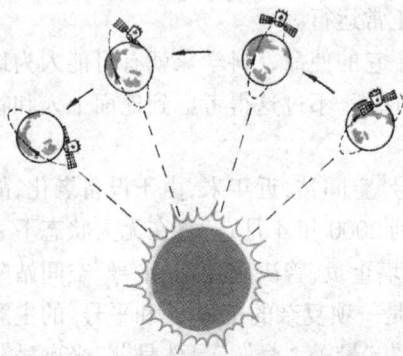

近极地太阳同步轨道

在地球上空运行的人造卫星,按其轨道离地面高度来区分,可分为三种,即近地轨道(小于 600 千米)、中轨道 (600~3000 千米)和高轨道(大于 3000 千米)。

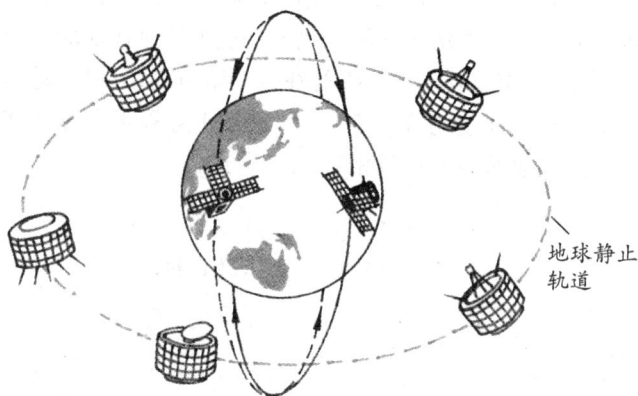

地球静止
轨道

不同用途的卫星，运行在不同的高度。需要对地面目标进行仔细观察和探测近地空间环境的卫星，通常运行在近地轨道，如科学实验卫星和侦察卫星等；需要对地球进行频繁地、周而复始地观察的卫星，通常运行在中轨道，如极轨气象卫星和资源卫星等；而需对地球作大范围、长时期定点观测或信号中转的卫星，通常选用高轨道，如静止气象卫星和静止通信卫星。

有两个十分重要的轨道，它们就是中轨道的太阳同步轨道和高轨道的地球静止轨道。

所谓太阳同步轨道，就是通过地球南北极的卫星轨道平面，每天向东移动 0.9856°，这个角度正好是地球绕太阳公转每天东移的角度。轨道高度在 700～1000 千米之间。卫星每天都在同一时间通过同一地区上空，可观察到该地区的连续变化过程。极轨气象卫星每天定时观测同一地区云图，得到逐日变化过程，这就为天气预报提供了科学根据。

而对一些要求在空中"固定不动"的卫星，如转播电视的通信卫星，则采用地球静止轨道。这个轨道在地球赤道平面内，离地面35860千米。因为在这个轨道上，卫星绕地球自西向东旋转，速度为3.075千米/秒，正好等于地球自转的速度。因此地面与卫星就相对"不动"了。

> 关键词：人造卫星　卫星轨道
> 太阳同步轨道　地球静止轨道

怎么知道人造卫星在按预定的轨道运行

在太空工作的人造卫星和各种各样的航天器，都能在预定的轨道上运行。它们就像地面上的行人和车辆各走各的路一样，都有自己的运行轨道。尽管它们的轨道各不相同，但是，也像我们要遵守交通规则一样，也必须"遵纪守法"，那就是它运行轨道的平面，必须通过地球的中心。

如果它的轨道呈圆形，地心就是它的圆心；如果它的轨道是椭圆形的，那么，地心就位于椭圆的一个焦点的位置。

大多数的卫星在发射入轨时，速度往往稍大于第一宇宙速度，所以它们的轨道大多是椭圆形的。就像地球和太阳之间有近日点和远日点一样，卫星和地球的距离也是有时近有时远。人们把轨道离地面较近的一点叫"近地点高度"，把离地球最远的一点叫"远地点高度"。

人造卫星除了具有绕地球运行的固定轨道以外，还有一个重要的参数，那就是轨道的倾角。它是指卫星轨道平面和地球赤道面之间的一个夹角。

根据这个夹角的大小、轨道的近地点和远地点,世界各国的天文台就可以跟踪和计算出这颗人造卫星的运行,告诉我们这颗卫星什么时候在什么方位,看看它是否在预定的轨道上运行。

卫星的轨道倾角越大,它在地球上的投影也越大。比如,我国发射的第一颗人造卫星,选择了 68.5°这个倾角,它的星下观测点可达到南北极圈以内。地球上所有有人居住的地方,它都能观测到。可是,这样一颗轨道倾角大的卫星,发射时所需的能量和费用也大。

所以,人造卫星在预定的轨道上运行,是科学家通过精心计算,进行能源配置和轨道选择等一系列的技术设计的结果。

☞ 关键词: 人造卫星　卫星轨道

为什么卫星可以从飞机上发射入轨

发射卫星,除了主要从地面使用火箭外,近年来也开始利用飞机来发射卫星,就是先把携带卫星的小型火箭用飞机送上一定高度,再启动火箭把卫星送入预定轨道。

从空中发射卫星具有很多优点。首先是发射费用低,至多为地面发射的三分之二。这是因为火箭已在空中从母机获得了一定的初速度和高度,因而节省了许多昂贵的燃料。其次是发射的准备时间短,小型火箭通常只需几名技术人员花上两周时间就够了。再有，空中发射不需要有设备齐全的地面发射基地，也不会受到"发射窗口"、地面设备维修等的制约，随时可以从世界上任何一个机场起飞发射，而用户也可灵活地选择卫星的目标轨道。

1990 年 4 月 5 日，美国在加州用一架"B－52"大型飞机，携带"飞马座"火箭，在高空把两颗小卫星送入预定轨道，从而开了用飞机发射卫星的先河。

当然，在空中发射卫星也有局限性。主要是卫星不能太重，卫星的轨道不能太高，这是由于受到母机运载能力和飞机飞行高度的限制。如用航天飞机，则可弥补这两点不足。

据科学家预测，在未来的 20 年内，全世界等待发射的卫星有上千颗，其中大多数是质量仅为几百千克甚至几十千克的近地小卫星。这些卫星性能好、价格低廉，是卫星家族的主力军。很显然，空中发射卫星的方式，必将会在未来航天发射市场上占有一席之地。

☞ 关键词：卫星发射

为什么有的人造卫星可以返回地面

有的卫星在完成任务后是需要返回地面的，如卫星拍摄的地面胶卷、太空中完成实验的材料、随卫星上天的动物和植物种子等。这种需平安返回地面的卫星称为返回式卫星。卫星的返回，表示了航天任务的最后圆满完成，它反映了一个国家的航天技术达到了相当的水平。

跟卫星上天相反，卫星返回是一个减速的过程。为了可靠地回收，通常把需要返回的物品和在返回过程中需要工作的设备，集中在一个称为返回舱的舱体里，而无需返回的部分则在返回过程中提前抛掉，让其在大气中烧毁。

　　为了确保返回舱从太空轨道上安全返回地面，必须突破以下五大难关。一是调整姿态关，先要把卫星从其在运行轨道的姿态准确地调整为返回姿态，并保持其稳定；二是制动关，按时点燃制动(反推)火箭，使卫星脱离原来的运行轨道，让返回舱进入预定的返回轨道；三是防热关，卫星在进入地球大气后，空气摩擦使卫星表面温度高达 1000℃ 以上，因此不仅要保证返回舱在高温下不被烧毁，还要让舱内温度保持在仪器能工作的最高温度以下；四是软着陆关，利用降落伞和回收系统，使返回舱在大气层较低高度范围内用很低的速度（约 10 米／秒）着陆，保证回收物品的完好无损；五是标位及寻找关，要及早准确地预报和测量出返回舱的落点位置，使回收区的工作人员尽快发现返回舱，以尽快开展回收作业。

　　卫星返回技术是人类征服宇宙的一项重要技术，难度很大。拥有卫星发射技术，并不等于拥有卫星返回技术。我国于 1975 年首次发射返回式卫星，迄今已成功发射 17 颗，按计划平安返回地面 16 颗，是继美国和前苏联之后，第三个掌握这门技术的国家，日本和法国也只是近几年才步入这个领域。

　　☞ 关键词：人造卫星　　返回式卫星　　卫星返回技术

绳系卫星有什么用途

有一种新型人造卫星,名叫绳系卫星。顾名思义,它是一种用绳子系在其他航天器上的卫星。用一根长长的绳索,将卫星系在航天器上,一起绕地球飞行。

绳系卫星有许多特别的用途,如对离地面约 100 千米的地球上空进行充分的探测。因为在这个高度上,飞机飞不到,气球也很难达到,而卫星的下界一般也在 150 千米以上,探空火箭所探测空域和时间则非常有限。如果在其他航天器下拴一个卫星,拖着它在离地面约 100 千米的高度上绕地球运行,就可以收集那里的大气层数据,了解太阳活动如何通过高、中层大气影响地面的气候和天气变化的机理等。

如果绳系卫星的系绳用导电材料制造,它就是一种探测器,可以获得许多有关电离层磁场的信息数据。此外,系绳在运动中不断切割地球的磁力线,它就成了一台发电机,这样,

就可以为绳系卫星和牵引它的航天器（特别是航天飞机和空间站）提供电力，为长期在太空中运行的航天器提供部分能源。

意大利首先研制出了绳系卫星，并于1992年和1996年两次在美国的航天飞机上进行了试验，取得了部分成功。随着科学家的努力，绳系卫星将会越造越好，成为未来一种大有用途的新型卫星。

☞ 关键词：人造卫星　绳系卫星

电视里的卫星云图是怎样拍摄的

每天电视里都要播送天气预报节目。荧屏上演示的从气象卫星发下来的云图，反映了地球天气正在发生着变化，直观、动感，受到观众的广泛欢迎。这表明气象卫星已走进了千百万寻常百姓之家。

气象卫星按其运行的轨道可分为两大类：极轨气象卫星和静止气象卫星。

极轨气象卫星因其运行轨道每绕地球一周都要穿过南北两极而得名。它的轨道近圆形，高度在700～1000千米之间。这种卫星每绕地球一圈，可观测的地面范围东西宽度为2800千米，绕14圈可覆盖地球表面一次。但它对某一地区每天只能进行两次气象观测，间隔时间为12小时。其优点是可获得全球的气象资料，缺点是因地球自转，云图资料不连续。

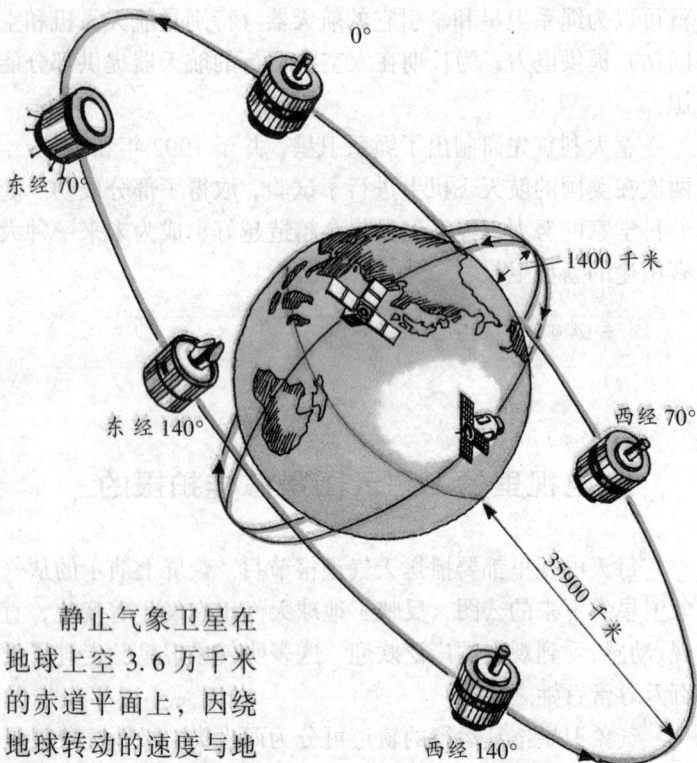

静止气象卫星在地球上空 3.6 万千米的赤道平面上，因绕地球转动的速度与地球自转的速度相同，因而相对地球是静止不动的。它每半小时就能产生一幅占地球面积近 1 亿平方千米的天气资料图。其优点是资料可适时送到地面，能连续不断地观测同一地区，不足是一颗卫星只能观测地球的 1/3 面积，对高纬度地区（大于 55°）的气象观测能力较差。

两种气象卫星用途各异，功能不同，各有长短，不能互相替代，但可以互相补充。如把这两种卫星结合起来，就能构成理想的气象卫星体系。

气象卫星上面安装的遥感仪器，接收来自"地球—大气系统"的各种辐射，并将所获取的资料转变为电信号，通过发射机传递到地面接收站，经计算机处理后，得到大气温度、湿度的垂直分布，大气中高层水汽分布，臭氧的分布与含量等参数，同时获取可见光云图、红外云图和水汽图像等资料，这些就是我们在电视上所看到的卫星云图。

有了卫星云图，不仅弥补了大洋、高山和沙漠地区气象观测点稀少的不足，而且还能直观地监测到各种天气系统的变化，洞察正在发生的各种灾害天气过程，如梅雨、台风、暴雨及寒潮等。

目前，全世界共发射了100多颗气象卫星，我国已在1988年和1997年先后发射了"风云一号"（极轨）和"风云二号"（静止）两种气象卫星，它们正俯瞰着祖国大地，为我国的气象应用与研究发挥着重要作用。

☞关键词：气象卫星　极轨气象卫星
　　　　静止气象卫星　卫星云图

为什么能利用卫星进行军事侦察

侦察卫星是一种获取军事情报的卫星，它"站得高、看得远"，是活跃在太空中的"间谍"。由于它具有侦察面积大、范围广、速度快、效果好、可定期或连续监视某一地区并不受国界和天气等限制的优点，在冷战时候，成为超级大国的"宠儿"。

在人类发射的所有人造卫星中,侦察卫星就占了1/3。

侦察卫星可分为照相侦察卫星、电子侦察卫星、导弹预警卫星和海洋监视卫星。照相侦察卫星是其中出现得最早、数量最多的,它一般运行在150～1000千米高空,每天绕地球飞行十几圈。它是担任空间侦察任务的"主力军"。卫星上携带的侦察设备就像照相侦察卫星的"眼睛",它包括可见光照相机、红外照相机、多光谱照相机,以及后期出现的合成孔径雷达和电视摄像机等。

照相侦察卫星所获得的情报,如胶卷、磁带等都记录贮存在返回舱内,当飞经本国国土时降落回收;也可以通过无线电以实时或延时的传输方式,由地面接收站接收后,再作处理和

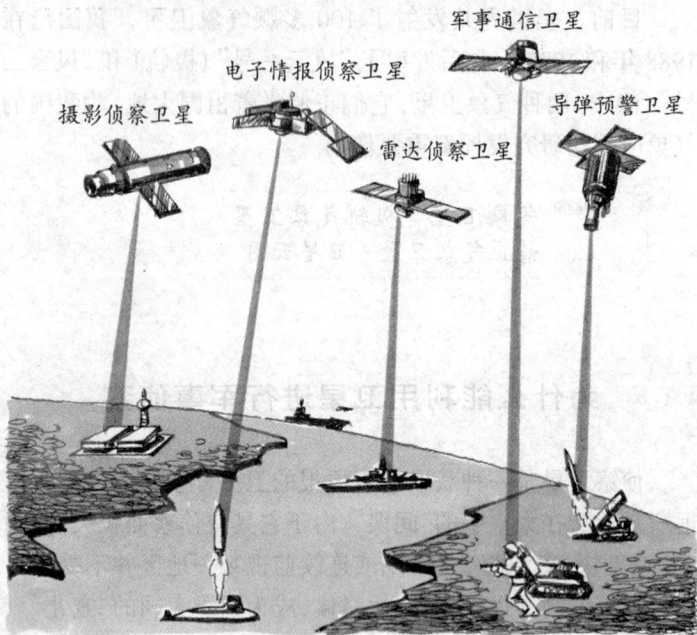

军事通信卫星

电子情报侦察卫星

摄影侦察卫星

雷达侦察卫星

导弹预警卫星

判读。

此外，电子侦察卫星上装有电子侦察设备，用来侦辨敌方雷达和其他无线电设备的位置和特性，窃听敌方的机密信息。导弹预警卫星利用卫星上的红外探测仪，及早发现导弹起飞时发动机尾焰的红外辐射。而海洋监视卫星，用雷达、无线电接收机、红外探测器等侦察设备，监视海上舰船和潜艇的活动。

☞ 关键词：人造卫星　侦察卫星

为什么利用卫星可以进行地球资源勘测

用来勘测和研究地球自然资源的卫星称为地球资源卫星，它是应用卫星中重要的一种。目前人类面临的众多问题中，最重要的莫过于食物、环境和能源了。对这些问题的解决，航天技术是大有可为的。

地球资源卫星安装有各种遥感设备（包括多光谱扫描仪、可见光和红外辐射计、微波辐射计等），能获取地面各目标物辐射出来的信息，也能接收由卫星发出的经地面目标物反射的信息，并把这些信息发送给地面系统。这些信息统称为光谱特性。地面系统对地球资源卫星进行跟踪、测量，并接收、记录和处理卫星发来的图像和数据，依用户的需要对这些资料进行加工处理，然后分送给服务系统。地质、测绘、海洋、林业、环境保护等许多部门，都需要地球资源卫星提供资料。

利用地球资源卫星，不仅"看"得广，还能"看"得深。用它可以发现人们肉眼看不到的地下宝藏、历史古迹、地层结构，也能普查农作物、森林、海洋、空气等资源，还能预报和鉴别农作物的收成，考察和预报各种严重的自然灾害。目前全世界有100多个国家和地区利用了这种卫星遥感资料。

地球资源卫星分为两类：一是陆地资源卫星，二是海洋资源卫星。地球资源卫星一般采用太阳同步轨道运行，保证卫星对地球上的任何地点都能观测到，又能使卫星每天同一时刻飞临某个特定的地区，实现定时勘测，是个名副其实的"太空勘察员"。

除专门的地球资源卫星外，气象卫星等其他遥感类卫星和航天飞机、宇宙飞船、空间站等载人航天器，也可进行地球资源的勘测工作。

地球资源卫星问世已 20 多年，它对人类的贡献功不可没。

关键词：地球资源卫星　卫星遥感

为什么卫星可以预报地震

地震是人类自古以来不可躲避的自然灾难。由于地震起因和前兆非常复杂,因此,地震预报始终是世界性的难题。

科学家发现,地震前在震中区周围,会出现温度异常等震兆。震前由于岩石圈板块相互作用,应力不断积累,当超过岩石圈强度时,就会发生微裂隙,原储存在岩石圈内的气体,特别是温室气体,会沿着已有的裂缝溢出地面,受到太阳辐射和自身辐射,导致该地区温度增高。或者带电的微粒子从岩石圈深处渗出地表,这些带电微粒子在低空处造成电场异常,激发温室气体,使温度比正常增高几度。

当今,不少安装有遥感仪器的卫星(尤其是气象卫星)上,都有红外扫描仪,它的扫描宽度有上千千米,所测地面、水面及各种界面上的温度精度可达 0.5℃。借助大型计算机及图像处理机,能在 30 分钟内处理好一幅地球表面的温度图像,为迅速判别震兆温度异常提供了有利条件。我国的国家地震局和航天有关部门,10 多年来对利用卫星遥感来作地震预报进行了不懈的探索。他们利用遥感卫星摄制的红外图像进行

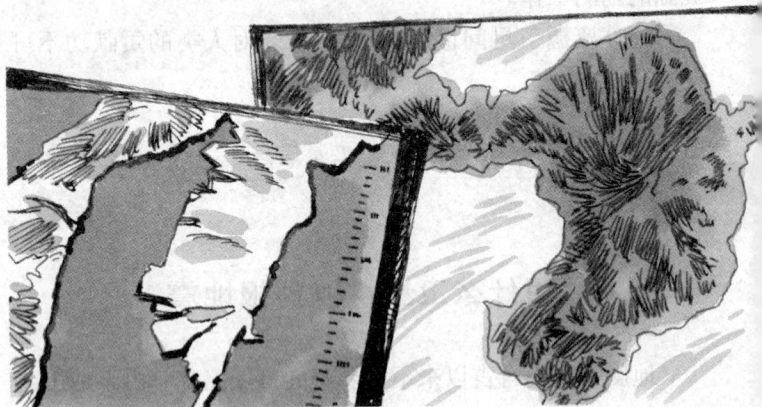

地震短期预报，找出红外异常与地震发生的关系，建立模型，取得了喜人的成果。从已发布的地震短期预报来看，不论地点、震级和时间，多数都取得了满意的结果，为卫星的应用开辟了新的领域。

不过由于地表增温的原因很多，要正确区分出真正临震前的异常增温，还有很多问题尚待解决。相信经过不断努力，地震预报的成功率将会有大幅度的提高。

关键词：地震　地震预报　卫星遥感

为什么卫星可以减灾防灾

世界上时时刻刻都在发生各种各样的自然灾害。从 1965 年至 1992 年的 28 年里，全世界发生了 4650 多起自然灾害，约 30 亿人受灾，其中死亡 361 万人，直接经济损失约 3400 亿美元。最常见的灾害有台风、洪水、地震、干旱、火灾等。自从卫星上天以来，人类利用先进的卫星遥感技术，防止或减小了这些自然灾害造成的恶果。

比如 1987 年 5 月，中国东北大兴安岭地区发生一场猛烈的森林大火，在天上巡游的卫星成功地监测到这一信息，为扑灭这场大火创造了条件。1991 年夏天，中国江淮流域发生严重水灾，又是卫星提供了水灾淹没面积的准确估计，为救灾工作找到了依据。尤其是 1998 年中国长江中下游、松花江和嫩江流域的抗洪救灾，天上卫星功不可没。卫星作为防灾减灾的哨兵，发挥了有效的作用。目前，人类已经利用气象卫星、资源卫星、通信卫星、导航卫星等进行了大量的减灾活动，取得了良好的效果。此外，许多国家都在研制一种新的减灾卫星，即使同一颗卫星集对地观测、通信、导航等功能于一身，实现救险防灾的目的。

气象卫星是防灾的先锋。大家知道，防灾减灾，首先要知道灾害的起因，并能监测灾情的发展，方能"对症下药"。也就是说，要先"看得见"并及时掌握情况，才能采取相应的措施。对于自然灾害等变化的环境观测，除了要求具有一定的空间分辨率以外，还要能够在较短的时间内对地面进行重复观测，即有较高的时间分辨率。现有的遥感卫星中，气象卫星，特别是地球静止气象卫星,能够不间断地对大气现象进行观测,对于防治自然灾害,起到了开路先锋的作用。

近年来出现的雷达卫星可以穿云透雨,它主动发出一定频率的电磁波,并接收目标对它的反射和散射的回波,形成图像。由于雷达卫星所用的微波能穿透云雨,并到达地表以下一定深度,而且可以做到有高的分辨率。因此,雷达卫星是一种十分重要的监测手段,特别是在常伴有阴雨天气的洪涝季节更是大有用途。

卫星的最大防灾本领,莫过于监测地球上的陆地、海洋和大气层,创造良好的生态环境,使人类免遭各种自然灾害之苦。因此,各种专门的减灾卫星便应运而生。我国曾利用自己的返回式卫星和气象卫星,在防灾、抗灾、救灾和治理灾害方面已取得了一定成绩。但中国是个幅员辽阔的大国,经常饱受自然灾害之虐,治理环境始终是一项重要课题,因此国家已经把研制减灾卫星列为发展航天技术的头等大事。

关键词: 人造卫星　　减灾卫星
　　　　　气象卫星　　雷达卫星

为什么用通信卫星
可以通电话和转播电视

在众多的应用卫星中,通信卫星的数量最多。它是一种专门用来转发无线电信号的卫星。通信卫星与卫星地面站联合起来,就可以通电话和转播电视了。

通信卫星实际上是一个在太空的"中转站"，犹如挂在太空的一面"镜子"。它能把地面站送来的无线电信号有条不紊地进行中转，使两个地面站之间能进行通话、数据传输、图文传真、电视转播等信息传递工作。如果我们要从上海和大洋彼岸的纽约进行通信，首先是位于上海的地面站通过信息转换机构，把发信者的信息，如声音、文字、图像等，转变为电波信号，由无线电设备进行处理和功率放大，然后由发射机把电波发向卫星；卫星上的天线收到上海地面站的电波信号后，由转发器对它进行处理并放大，再定向转发到纽约的地面站；纽约地面站把接收到的电波信号进行功率放大和处理，还原成声音、文字、图像等，最后传输给受信者，这就完成了两地之间的通信。

采用通信卫星进行通信，具有距离远、容量大、质量好、可靠性高和机动灵活等优点。从 1962 年美国第一颗通信卫星问世以来，全世界已发射了近 700 颗各种类型的通信卫星，其中在地球静止轨道上的静止通信卫星，已经挑起了国际电信和电视转播的重任。

近年来新发展起来的广播卫星，是一种专门用途的通信卫星。以往接收卫星上的电视信号时，都要经过地面站来收转，而如今利用广播卫星后，省去了地面站这个环节，用户只需用小口径的天线，就可以直接接收从广播卫星上传下来的电视节目了。

☞关键词：卫星应用　通信卫星　卫星地面站
　　　　静止通信卫星　广播卫星

为什么要制造和发射小卫星

当今地球的上空,越来越多地出现了小卫星,成为一道新的风景线。所谓小卫星,是指质量在 500 千克以下而功能与同类型大卫星相当的卫星。

微电子、微机械、新材料和新工艺等高新技术的发展,可以使卫星的体积、质量大大减小,而性能仍保持较高的水平。如美国一种名叫"观测镜"的侦察卫星,质量仅为 200～300 千克,在 700 千米轨道高度对地面目标的分辨率达到 1 米,成像带宽度达 15 千米,工作寿命 5 年,功能已经相当于过去的大型侦察卫星了。

现代小卫星具有很多优点:首先是它的研制周期短,一般不超过两年,而大卫星通常要七八年;其次是小卫星的发射方式灵活,既能由小运载火箭单独发射,也可以"搭车"方式随同别的卫星一起发射,或用一枚火箭发射多颗小卫星;最后是成本低,小卫星可批量在流水线上生产,单颗卫星的价格大大下降,而发射费用也较为低廉。

小卫星在应付突发军事事件时,具有特别重要的价值。例如在 1982 年的英阿马岛战争和 1991 年海湾战争时,前苏联和美国都临时发射了多颗小卫星,以快速获取战场信息。

除应用于军事外,小卫星在民用领域也有广阔的应用前景。不久前建成的"铱"系统,是全球第一座个人移动通信系统,相当于把地面蜂窝移动电话系统搬上了天,它就是由 66 颗小卫星组成的。今后,这类小卫星星座还会如雨后春笋般地多起来。

关键词：小卫星 "铱"系统

什么是全球定位系统

不论在地球什么地方，只要你从口袋里拿出一只像手机大小的设备，就可以知道你现在所处的精确位置，以及此刻的精确时间。这并非神话，它就是全球定位系统(简称 GPS)。

1973 年，美国国防部根据军事上的需要，开始部署了一种卫星无线电定位、导航与报时的系统，即 GPS，并于 1992 年全部建成。GPS 是由导航星座、地面台站和用户定位设备三部分组成。导航星座包括 24 颗卫星，其中 21 颗卫星是工作星，3 颗作为备用星，它们均匀分布在 6 条轨道上，轨道高度约 2 万千米，倾角 55°，运行周期为 12 小时。这种卫星的分布方式，可以保证地球上任何地点的用户，随时都能实现三维坐标的精确定位。

手机大小的用户设备即 GPS 接收机，由天线、接收机、信号处理器和显示器组成，能同时接收 4 颗卫星发射的导航信号，经过对信号到达时的测量、数据解调处理和计算，得出用户本身所处的位置坐标和运动速度，位置精度可达到 15 米，测速精度为 0.1 米/秒，授时精度为 10^{-7} 秒(民用用户的定位精度稍差，约 100 米)。

GPS 的主要和最初用途，是为美国在世界各地的三军部队及其武器装备、低地球轨道上的军用卫星提供定位导航服务。在1991年的海湾战争中，以美国为首的多国部队首次将GPS应用于实战，为战斗机、轰炸机、运输机、坦克部队、扫雷部队、后勤运输车队定位导航，发挥了极其重要的作用。

当前，GPS除了军用之外，已扩大到民用的很多方面，世界处处都有它们的踪迹。大洋中的轮船、蓝天上的飞机、高山上的地质勘探队……甚至在一般的出租车上，GPS都正在大显神通。

关键词：全球定位系统　GPS

什么是铱星计划

"铱"系统是美国摩托罗拉公司设计的全球卫星通信系统。它的天上部分是运行在7条轨道上的卫星，每条轨道上均匀地分布着11颗卫星，组成一个完整的星座。它们就像铱(Ir)原子核外的77颗电子围绕其运转一样，因此被称作铱卫星。后来经过计算证实，6条轨道就够了，于是卫星总数减为66颗，但如今仍习惯称作铱卫星。

铱卫星通过南北极运行在780千米高的轨道上，每条轨道上除布星11颗外，还多放1～2颗备用星。这些卫星可以覆盖全球，用户用手持话机直接连通卫星进行通信，而无需几米直径的抛物面天线就可以进行全球范围内的通话了。

美国的"德尔它2型"火箭、俄罗斯的"质子K型"火箭和我国的"长征2号丙改进型"火箭分别承担了铱星的发射任务。1998 年 5 月,布星任务全部完成,11 月 1 日,正式开通了全球的通信业务。

"铱"系统是美国于 1987 年提出的第一代卫星通信系统。每颗铱星质量 670 千克左右,功率为 1200 瓦,采取三轴稳定结构,每颗卫星的信道为 3480 个,服务寿命 5～8 年。"铱"系统的最大特点是通过卫星之间的接力来实现全球通信,相当于把地面蜂窝移动电话系统搬到了天上。

"铱"系统建成后,可使地球表面上的任何一个角落都被不间断地覆盖,无论在海上、陆地或空中,用户随时可以从口袋中掏出"大哥大"进行通话。它与目前使用的静止轨道卫星通信系统比较,有两大优势:一是轨道低,传输速度快,信息损耗小,通信质量大大提高;二是"铱"系统不需要专门的地面接收站,每部移动电话都可直接与卫星联络,这就使地球上人迹罕至的不毛之地、通信落后的边远地区、自然灾害现场都变得畅通无阻。

所以说,"铱"系统开始了个人卫星通信的新时代。

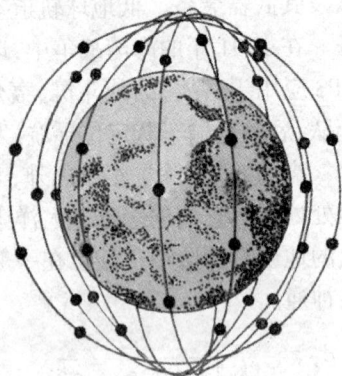

关键词: 铱星计划　全球卫星通信系统
铱卫星　"铱"系统

人类发明了哪些航天器

20世纪50年代以来，越来越多的航天器闯入了寂静的太空。航天器是人类为达到某种用途发射到地球大气层外的人造天体。

航天器分为载人航天器和无人航天器。当然，从数量上来计算，大部分航天器是无人航天器。如果按照轨道的范围来区分，航天器的活动范围也可以分为两类：一类是绕地球运行；另一类是在地球以外的空间飞行。

无人航天器主要有两大类：一类是大家所熟悉的人造卫星；另一类是空间探测器。

人造卫星是航天器中最庞大的家族，它的数量占航天器总数的90%。

许多卫星是用于科学探测和科学实验的目的，所以叫科学卫星。科学卫星常常被用来对宇宙星球和其他宇宙现象作天文观测，以及作空间物理环境探测。由于太空中没有大气层的阻挡，在卫星上，不仅可以观测到天体发出的可见光，还能对它们辐射的所有电磁波进行全波观测，天文卫星往往是按照观测波段"分工"的，如红外天文卫星、紫外天文卫星、X射线天文卫星和γ射线天文卫星。科学卫星还经常被用来做科学实验，比如材料学、物理学、生物学和医药学中的许多实验，在地面上不能圆满完成，只有在太空的微重力环境中才能取得成功。

许多新技术、新发明也需要到卫星上去做试验，比如新的遥感器，新的无线电频段传输，航天器的对接，等等。这种

卫星称为技术试验
卫星。

应用卫星是人
造卫星中的主要成
员，它们和人们的生
活紧密相关。应用卫
星的种类繁多，有10
多种，它们的数量最
多，占卫星总量的四
分之三，包括气象卫
星、通信卫星、导航
卫星、侦察卫星、地
球资源卫星等。

空间探测器是
对月球和其他行星
进行逼近观测或直
接取样探测。所以，
空间探测器要以比
人造卫星更大的速
度，摆脱地球引力的
束缚，实现深空飞
行。

载人航天器包
括宇宙飞船、航天飞
机、空间站、轨道间
飞行器。

宇宙飞船是世界上最早发明的载人航天器，它属于一次性使用的航天器。宇宙飞船可以像卫星那样绕地球运行或登月飞行。宇宙飞船还担负着一项特殊的任务，就是充当空间站与地球间的往返运输器。

　　航天飞机外形像一架大型飞机。它靠火箭发射，利用无损滑翔返回地面，所以可以重复使用。

　　空间站是一种长期停留在太空的大型航天器，可供多名航天员在那里长期居住和工作。空间站里面具有一定的生产和实验的条件。

　　轨道间飞行器是从空间站到其他航天器或从空间站到不同轨道位置空间站的载人运输工具。

关键词：航天器　　载人航天器　　无人航天器
　　　　人造卫星　　空间探测器　　宇宙飞船
　　　　航天飞机　　空间站　　　　轨道间飞行器

航天器上的电源是从哪里来的

　　航天器由火箭发射进入太空后，就得靠自己携带的电源来工作。

　　我们知道，一个航天器本身的价值和发射费用都很高，所以人们在设计、制造航天器时，都想尽量延长航天器的使用寿命。然而，在许多情况下，航天器的寿命是由它的工作电源的使用寿命所决定的，也就是说，航天器可能还好好的，但是因为没电而无法正常工作。所以，根据不同航天器的特点，航天器的设计师们尽量选择和设计使用寿命较长的电源。

航天器的电源主要有三种:化学电源、太阳能电池阵电源和核电源。

　　化学电源分为两种:一种是银锌电池,它就是我们日常所用的电池的一种。还有一种是氢氧燃料电池,这些化学电池寿命较短,在太空可不像我们在地面,收音机里的电池用完了,随时可以弃旧换新,一般航天器是无法更换新电池的。所以,化学电池只是在早期发射的航天器中使用,或者在执行短期任务的航天器中使用。

　　现在,已经进入太空的航天器中,有60%采用太阳能电池阵作为电源。它是利用太阳能直接转化成电能。太阳能电池阵质量轻,结构简单,是一种长寿命电源。它们形状各异,有的像帆板一样伸出,有的贴附在航天器的表面,目的都是更多更好地接受太阳照射。太阳能电池阵常常和蓄电池一起使用,平时,太阳能电池阵在将太阳能转化成电能供航天器使用的同时,还把一部分电能存储在蓄电池中。当航天器进入地球的阴影区域时,太阳能电池阵无法工作,就可以依靠蓄电池供电,保证航天器能继续工作。

　　当航天器在进行星际探测时,由于离太阳太远,太阳能电池阵电源就不能正常工作了,就要采用核反应堆作为电源了。核电源也是一种长寿命电源。为了不受地球阴影的影响,许多用于军事目的的卫星也使用核电源。

　　☞ 关键词: 航天器　电源

什么是航天遥感技术

任何物体都有不同的电磁波反射或辐射特性。航天遥感技术就是利用安装在航天器上的遥感器，来感测地物目标的电磁辐射特点，并将其记录下来，进行识别和判读。遥感器主要有两种，一种是胶片型的，一种是传输型的。

胶片型遥感的资料需要将航天器(如返回式卫星)回收下来，再对胶片进行冲洗判读，破译各种信息资料；而传输型遥感则不同，它不需要回收航天器，而是将遥感资料通过电波不间断地传到地面，当装有遥感器的航天器经过有接收站的上空时，地面接收站对航天器发射的电波信号加以捕捉和接收。航天遥感分辨率已由最初的几十米、十几米发展到现在的1米以内。据说，美国发射的遥感卫星已经可以辨别出八开报纸的报头了。

航天遥感能从不同高度、大范围、快速和多光谱段地进行感测，获取大量信息。航天遥感还能周期性地得到实时地物的资料，因此航天遥感技术在国民经济建设和军事抗争等很多方面，都获得了广泛的应用。例如应用于气象观测（气象卫星）、资源考察(资源卫星)、地图测绘(测地卫星)和军事侦察(侦察卫星)等等。

关键词：航天遥感　遥感器

283

为什么利用航天技术能进行考古

大家知道，考古是一门需要极其耐心、细致观察的学科。那么，为什么在高高的太空中，利用航天技术也能进行考古呢？

其实，卫星遥感技术的发展，已成为现代考古有力的帮手。我们知道，考古中有一项重要的工作，就是寻找古代遗址。利用卫星遥感技术，可以从太空对地球表面进行可见光、红外线和微波辐射的观测，将观测到的信息送入大型计算机，经数字化图像处理后，就可以为人们呈现一些在地面上人们难以获得的考古资料。这种考古手段就是利用航天技术进行的航天考古。航天考古具有视野开阔、信息量大、宏观性强的优点。打个比方，你站在近处观看一幅笔触粗犷的梵·高的油画时，可能只看到局部花花绿绿的色彩，看不清整幅画的主题，也无法欣赏整幅画的魅力。如果你退后几步，拉开了与油画的距离，你马上就会觉得，画面上的景物变得清晰起来，品味出艺术大师的高超技艺。一张由卫星拍摄的地球照片，就像在太空看一幅巨型油画，它覆盖的面积达1亿平方千米。

航天考古技术还分无源遥感技术和有源遥感技术两种。广泛使用的陆地影像卫星采用的是无源遥感技术。这种卫星本身不发射电磁波，而是接收和拍摄各种光谱的地面影像。埃及利用"陆地卫星1号"探测史前或有史时期的地貌和岩体，在底比斯附近挖掘出了法老的地下陵墓。1984年，科学家利用"陆地卫星1号"上的多光谱红外探测器能识别出隐埋古物的特性，在尤卡坦半岛的热带丛林中，发现了玛雅文化的遗址。

影像雷达是一种有源航天遥感考古工具。它能主动发射微波，并靠接收回波来进行遥测。影像雷达对植被和土层有一定的穿透力。利用这种技术，美国航天局在危地马拉的热带丛林中，发现了隐蔽在密林中的星罗棋布的玛雅时期古代农田的遗迹。

关键词：遥感技术　考古　航天考古

为什么要把哈勃望远镜送入太空

以美国天文学家哈勃命名的太空望远镜——哈勃太空望远镜于 1990 年 4 月 25 日，由美国"发现号"航天飞机送入太空。哈勃太空望远镜的主要任务是：探测宇宙深空，解开宇宙起源之谜，了解太阳系、银河系和其他星系的演变过程。

哈勃太空望远镜耗资达 21 亿美元，从初步构想的提出、设计到建造完成，时间跨度达 40 多年。其实，地球上有许多质量很高的天文望远镜，为什么一定要耗费如此巨大的精力和财力，把一台天文望远镜送入太空呢？

我们知道，宇宙深空的天体离地球非常非常遥远，所以要使用分辨率很高的大型望远镜才能观测清楚。分辨率要高到什么程度呢？要能看清 10 千米以外的一枚 1 角硬币！

可是，在地球表面，即使望远镜本身制造得再好，也难以达到这个要求。

首先，地球表面有"讨厌"的大气层。它不仅把 0.3 纳米以下的紫外线统统阻挡在地球外面，而且会产生模糊效应，使得再好的大型望远镜的分辨率也难以接近光学上的所谓的衍射极限。而把同样的大型望远镜放到处在真空环境的太空,分辨率可提高 10 倍。

其次,地球上有"讨厌"的引力。大型望远镜需要巨大的光学透镜,地球的引力会使大透镜制造时产生微小的形变,而微小形变会使望远镜分辨率大大降低。哈勃太空望远镜刚刚升空时,就因为望远镜的主镜的边缘在地面加工时多磨去了 2 微米(大约只有头发丝的 1/50),而无法使用。结果,"奋进号"航天飞机只能上天,派出航天员给哈勃太空望远镜"戴上"称为"光学矫正替换箱"的"眼镜",才使"哈勃"的"视力正常"。

再有,就是"讨厌"的震动。无论是人类活动产

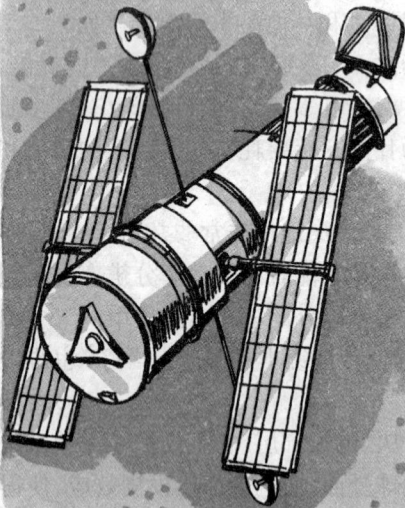

生的震动还是地球内部产生的震动，都会影响望远镜对宇宙深空的观测。

要找一个没有任何干扰、"与世隔绝"的环境，那么就只好把哈勃太空望远镜搬到太空中去了。

关键词：太空望远镜　哈勃太空望远镜

为什么要用动物进行太空实验

在人类进入太空之前，为了探索人在太空中会遇上哪些问题，人们就开始了利用动物来作"开路先锋"。

美国和前苏联从二次世界大战后，都开始了让动物乘坐火箭上天的实验。1948 年 6 月～1949 年 9 月，美国用"V－2"火箭，先后 4 次将猴子送到 60 多千米的高空。1952 年 5 月，美国再次发射生物火箭，其中的两只猴子成功生还。前苏联在 1949～1958 年的 10 年间，共发射生物火箭 31 次，将 42 只小狗送上高空。这些实验的目的都是为了知道动物究竟能承受多大的加速度。

动物中真正进入太空的"开路先锋"，是一只名叫"莱伊卡"的小狗。1957 年 11 月 3 日，前苏联发射了第二颗人造卫星"伴侣 2 号"，在这颗卫星的卫星舱里，就载着小狗莱伊卡。由于当时无法使卫星返回，莱伊卡在进入太空的第六天便死去了。三年后的 1960 年 8 月，"伴侣 5 号"卫星又载着两只小狗进入太空飞行，并于两天两夜后平安返回地面。美国从 1959 年 12 月起，也多次用"水星号"卫星式飞船把猴子和黑

猩猩送上太空。这些实验都证明，动物完全能够适应太空的生活环境，消除了人进入太空的种种担心。

我国从 60 年代中期开始发射生物火箭，大白鼠、小白鼠和小狗成为实验的对象。我国的返回式卫星，也多次搭载了好些小动物遨游太空。这些动物的航天实验，为我国的载人航天打下了良好的基础。

加入太空实验大军的，还有诸如鱼类、果蝇、蚂蚁、青蛙等小动物，它们都为人类征服太空做出了贡献。这些动物太空实验的成功,加快了人类太空时代的到来。

关键词: 太空实验　生物火箭　生物卫星

为什么载人航天器要有生命保障系统

载人航天器与人造卫星虽有很多相似之处,但有一个最大的不同点,就是前者装有生命保障系统。这是因为载人航天器担负着把人送上太空的重任。

载人航天器中的生命保障系统,用来保障人在航天活动中的安全,并提供合适的生活环境和工作环境。在载人航天器的密封舱内,温度大约20℃,气压接近一个标准大气压,即101千帕左右;舱内的空气成分氧气为21%左右、氮气为78%左右,也与地球大气接近。生命保障系统同时具有随时对二氧化碳的清除功能,并保证人和设备所需水的供应,这些水可以是从地面携带上来的或是在航天器内再生的。当然,生命保障系统也包括对产生的废物(人体排泄物和生活废弃物)进行收集和处理。

航天医学是生命保障技术的医学基础。它主要研究航天对人体的影响,并寻找有效的防护措施,以保证航天员的健康与安全,以及航天员在太空中的工作效率。

同样,当航天员离开载人航天器进行舱外活动时,他们身上穿的航天服,也具有部分简易生命保障的功能。

用作动物和生物试验的生物卫星和生物火箭,也要有生命保障系统,其功能与载人航天器的生命保障系统相同,但系统的组成比较简单些。

关键词：生命保障系统　航天医学

为什么载人航天器要有应急救生装置

1983 年 9 月 27 日，前苏联的拜克努尔航天发射场上，"联盟 T – 10A"宇宙飞船即将升空，就在起飞前瞬间，运载火箭的一级发动机发生了爆炸。眼看船毁人亡之际，火箭顶端的救生塔突然打开，把两名航天员弹射到 1 千米外的安全区，航天员死里逃生，这就是应急救生装置的功劳。

载人航天是项高风险的事业，从起飞、运行到返回地面，随时都可能发生意想不到的险情。从 1961 年第一名航天员进入太空以来，前苏联和美国已有 14 名航天员在航天活动中不幸遇难。

因此,人们设计制造了一整套的应急救生装置,把拯救航天员的生命作为最重要的大事。这些装置包括弹射座椅、救生塔、分离座舱和载人机动装置等。本文前面所提到的发射场情景,就是使用了救生塔内的弹射逃逸装置。

载人航天器在上升飞行阶段,一般使用弹射座椅或救生塔;在返回阶段,一般采用弹射座椅或分离座舱。在轨道上,则由一艘载人航天器去靠近出故障的航天器,并与之对接,最后把航天员营救出来;或者是故障航天器内的航天员乘坐载人机动装置离开,飞到另一艘载人航天器上去。

有了应急救生装置后,航天员的生命安全得到了很大保障。据称,目前载人航天器的可靠性已经提高到95%以上。

☞ 关键词:载人航天器　应急救生装置

为什么许多航天器要像陀螺那样旋转

在无依无靠的太空中,一个航天器始终要保持一种特定的"姿势",在某个轨道上运行,或是"固定"在太空的某个位置上,是十分困难的。

太空中没有"风"吹,没有"人"去推,航天器为什么还会自己"开小差"呢?其实,由于太空中的不均匀的引力、残留的大气和空间微小颗粒的碰撞,都会使航天器处于不稳定状态。

为了使航天器保持稳定的状态,科学家们干脆使航天器像陀螺那样旋转起来。我们知道,凡是高速转动的物体,都有一种保持转动轴方向不变的特性,这叫做自旋稳定或定轴性。

玩过陀螺的人都知道，陀螺可以围绕它的转轴旋转很长时间，如果没有空气的阻力和转轴与桌面的摩擦力，理论上，陀螺可以非常稳定地围绕转轴永远旋转。人们模仿陀螺制成了陀螺仪，它就是利用陀螺高度稳定的定轴性，可以测出微小的位置变化。

在太空中，航天器受到的空气阻力很小，又没有摩擦力，所以，让航天器像陀螺那样旋转，可以十分经济有效地使航天器保持稳定的定向，这种自旋稳定还具有较强的抗干扰能力。

许多航天器都采用自旋稳定，而且它们的形状接近矮圆柱形，呈轴心对称，这就可以避免出现自转轴的周期性微小变化。自旋稳定的优点是操作简单，不消耗能源。当然，一些形状不规则或不呈轴心对称的航天器，就不能采用自旋稳定来保持稳定状态。

关键词：航天器　自旋稳定

为什么航天器在太空中要保持正确的姿态

我们在读书写字时要保持正确的姿势，航天器在太空中也要保持正确的姿势吗？是的，这可是航天器在执行任务时，要满足的最起码的条件。

进入太空的航天器，如人造卫星，都是为了执行一些特定的任务。有的要对宇宙中的某一个天体进行观测；有的要监视地球的某个地域；有的要在空中对地球进行多地点的无线电转发;等等。许多航天器还装有大面积的太阳能电池板。如果把航天器上的各种探测仪器的传感器比作眼睛，把航天器上向地面传送信息的天线和接受太阳能的电池板比作耳朵，那么，航天器的"眼睛"和"耳朵"带有明显的方向性，只有同时对准各自特定的目标，航天器才能做到"耳聪目明"。

如果本来应该对准地球的传感器却面朝太阳，本来要对准太阳的太阳能电池板却背着太阳，处在阴暗面，那么，辛辛苦苦发射到太空的航天器就不能正常工作，成为一堆废物。举个例子，如果某颗负责电视转播的通信卫星的姿态发生了较大的误差，地面上成千上万的定向卫星电视接收天线将收不到电视信号。

所以，航天器要时刻进行姿态控制，使自己的"眼睛"和"耳朵"始终对准目标。一些执行复杂任务的航天器，还要随时从一种姿态转变成另一种姿态。

☞ 关键词：航天器　姿态控制

怎样在太空中修理出了故障的航天器

如同飞机、汽车等会发生故障一样，航天器同样也会出现各种各样的毛病。然而，远在地球上空 400～500 千米处飞行的"患病"航天器能不能修理呢？回答是肯定的，派航天飞机去修。

航天飞机本身就是绕地飞行的航天器，它所处的高度和速度跟那些出了问题在轨道上游荡的航天器几乎相同，加上它又具有能改变自己绕地轨道的轨道机动辅助发动机、控制飞行姿势的反作用控制发动机、抓取卫星的遥控机械手等精良设备，所以它就有可能飞到那些发生故障的航天器身旁去进行修理。

1984年4月，美国"挑战者号"航天飞机首次在空间绕地轨道上，捕获并修复了一颗名叫"太阳峰年"的观测卫星。

"太阳峰年"卫星是美国在1980年2月发射的，用来监测

1980年太阳活动峰年中太阳表面耀斑的活动情况。同年11月，这颗卫星上的姿态控制装置和3台电子观测仪器突然失灵，接着又从540千米高的轨道上逐渐下降到480千米高的轨道上，并有可能坠落于地球大气层焚毁。

"出诊"的航天飞机，花了约4小时的时间，飞到距卫星约60米的地方。随机"出诊"的航天员穿好舱外航天服，背上一具装有喷气推进器的背包式生命维持装置，离开机舱。他借助于喷气推进器喷出的气流在太空"行走"，缓慢地"走"向5.4米高的六角形卫星主体。但因卫星每6分钟转一周的自转速度太快，使处于失重状态下的航天员无法用手里的1.2米长、雨伞状的捕捉杆插入卫星体上的火箭发动机喷口。于是请地面卫星控制中心对"太阳峰年"卫星上的电脑发出减慢自转速度和保持稳定的两个指令，再用航天飞机的机械手的"手指"插进卫星体上的火箭发动机喷口，才把卫星牢牢地拴连在机械手上，拉回来放到航天飞机敞开的货舱内特设的修理台上，用新的零部件换下了卫星上损坏了的姿态控制装置和一台日冕观测仪的电源部分，修理了硬X射线成像分光计以及软X射线多色仪。全部工作花了将近200分钟才完成。修复的卫星最后由航天飞机调整自己的飞行高度，升高到"太阳峰年"的原来绕地运行轨道上，通过机械手把卫星推向太空。

1992年5月14日，美国"奋进号"航天飞机将一颗两年前发射的因火箭发动机故障未进入预定轨道的"国际通信卫星6号F3"救了回来。给它安装了一个新火箭发动机，直接弹射入太空，使卫星进入预定轨道。这颗价值1.57亿美元的卫星终于得以重新"就业"。

1993年12月，美国"奋进号"航天飞机对哈勃望远镜进行了修理。哈勃望远镜升空以后,科学家发现它发回的图像模糊,没有达到预期的效果。原来它的主镜磨坏了一点。以后又发现它的太阳能电池板出了问题,计算机的数据存储器也相继失灵。

于是,"奋进号"的机械臂把"哈勃"抓进了航天飞机,航天员为它更换了零件,并安装了一个新型的行星照相机等。这些修理工作进行了 7 天,修复后的哈勃望远镜比修复前分辨率大大提高,可见到暗 10~15 倍的天体。

这些都得归功于"太空修理工"。

关键词: **航天飞机　太空修理**

为什么航天飞机能像飞机那样飞回来

航天飞机是运载火箭、宇宙飞船和飞机巧妙的"混血儿"。它在发射时,垂直起飞,像火箭一样;入轨道后绕地球飞行,像一艘宇宙飞船,并有与其他航天器机动对接的能力;返回地球时,又像一架滑翔机,在传统的飞机跑道上降落。对于使用一次就"报销"的运载火箭和宇宙飞船来说,航天飞机可以重复使用上百次,是航天技术一个重大的飞跃,被公认为20 世纪科学技术最杰出的成就之一。

作为天地往返的运输系统,航天飞机最为高明之处就是它能像飞机那样平安、完整地返回地面,从而实现了航天器的反复利用,这就大大降低了航天活动的成本。

然而要使航天飞机飞回来并不是件容易的事,主要的难关就是防热。

虽然航天飞机具有三角形机翼和垂直尾翼，使它在大气中飞行时能够具有良好的稳定性和操纵性，犹如一架飞机一样飞行自如，但当它从地球轨道返回地球时，会以极高的速度（接近30倍音速）冲入大气层，机身表面将跟空气发生剧烈摩擦，使表面温度急剧升高，这就是所谓的气动加热。加热的后果是使用铝合金制成的飞机结构立即熔化，因为铝合金的熔点只有660℃。因此，科学家不得不给飞机穿上一件特殊的"防热衣"。

在机头和机翼前缘，那里的温度最高，可以达到1600℃左右，就给它"穿"上一层耐高温的石墨纤维复合材料，以保护铝合金不被烧熔。在机身和机翼的上表面，温度大约是650～1260℃，这些地方就"穿"上一层由2万块左右耐高温的陶瓷瓦拼成的阻热层。陶瓷瓦每块15厘米见方，2～6厘米厚。在机身的侧面和垂直尾翼的表面，温度比较低，只有400～

650℃。这些地方只需稍加保护,就"穿"上7000块另一种规格的陶瓷瓦。这种陶瓷瓦每块20厘米见方,0.5～2.5厘米厚。其他的部位最高温度不会超过400℃,"穿"上一层涂有白色硅橡胶的纤维毡就可,而不需去使用前面那种分量较重、价格昂贵的陶瓷瓦了。

要把这2.7万多块陶瓷瓦贴上飞机表面,也非一件轻松的事。虽然陶瓷瓦的尺寸大部分是相同的,但也有少部分是根据飞机机身的特定部位而"量体裁衣"定制的。每块瓦上都预先标好号码,对照工艺图纸,一一"对号入座",用黏胶贴上去。由于陶瓷瓦非常容易碎裂,因此工人们粘贴时务必小心翼翼,轻手轻脚,"慢工出细活"。美国第一架航天飞机,为粘贴防热瓦足足花了一年的时间。后来采用了粘贴机器人,进度才加快了许多。

从电视上我们还能看到,航天飞机在机场上着陆时,尾部会打开一顶大大的降落伞,这是为了使航天飞机更快地停下来,以缩短机场跑道的长度。

☞ 关键词:航天飞机　防热瓦

宇宙飞船和航天飞机有什么区别

宇宙飞船和航天飞机都同属于载人航天器,也就是说,它们都能保障航天员在太空中生活和工作,并最后平安返回地面。但是,它俩之间有什么区别呢?

先说宇宙飞船吧。宇宙飞船实质上就是载人的卫星。既是卫星,它就有许多与卫星相同的系统,除结构、能源、姿控、温控外,还有遥控、遥测、通信、跟踪等无线电系统。但因它又是载人的,因而就有与卫星不同的系统,包括应急营救、返回、生命保障等系统,以及交会雷达、计算机和变轨发动机等设备。

宇宙飞船通常由三大部分组成。一是返回舱,除供航天员乘坐外,也是整个飞船的控制中心;二是轨道舱,这里装备有各种实验仪器和设备,是航天员在太空的工作场所;三是服务舱,装备有推进系统、电源和气源等设备,对飞船起服务保障作用。由于宇宙飞船源于卫星,其体积和重量都不能很大,船上携带的燃料和生活用品都是有限的,因此飞船每次只能乘载 2～3 名航天员,在太空中的停留时间也只能是短短的几天。

在 20 世纪 60 年代至 80 年代,前苏联和美国都研制了好几种宇宙飞船,把航天员送上了地球上空甚至到达月球。现在,俄罗斯的"联盟号"宇宙飞船仍在服役使用。

再说说航天飞机。航天飞机的外形类似普通大型飞机,由机头、机身、机尾及两个三角机翼、垂直尾翼构成。机头是航天飞机的驾驶舱,航天员在这里控制飞机的飞行。机身是飞机的大货舱,有一节火车厢那样大,可装 20～30 吨的货物,机械手可伸到 15 米远的地方,把十几吨的卫星抛入太空,或把在太空有故障的卫星捉住,送入货舱。机尾是航天飞机的主发动机。它们两侧有两个对称细长的固体燃料助推器,下方还有一个巨大的楔形推进剂外储箱。航天飞机垂直发射起飞,上升到一定高度以后,将使用过的助推器和外储箱卸掉,靠主发动机进入近地轨道。完成任务后重返大气层,像飞机一样滑翔到预定的机场。助推器坠落在洋面上,可回收再用 20 次。而航天飞机返回地面后,经过检修也可重复使用 100 次。

从 1981 年至今,美国已有五架航天飞机在太空遨游,完成了 95 架次的飞行。它的每次航行,最多可载 8 名航天员在太空呆上 7~30 天。

通过对宇宙飞船和航天飞机的简单介绍,我们可以知道,宇宙飞船是一次性使用的,乘员少而且飞行时间短;而航天飞机是可重复使用的,与宇宙飞船相比,乘员更多,而且在太空中的时间更长,因此可以在太空中干更多的事情。

☞ 关键词:载人航天器　宇宙飞船　航天飞机

为什么可以用航天飞机发射和回收卫星

航天飞机有好些用途,其中发射和回收卫星,是它的重要使命。

太空中有成百上千颗人造卫星,时刻为人类服务。但要把卫星送入太空,不是一件容易的事情,通常是采用多级运载火箭来发射。制造一枚运载火箭,从试验研究、设计制造到装配发射,不但要花很长的时间,还要耗费大量的人力、物力和财力。一枚大型运载火箭,价值都在几千万美元以上。不过最为遗憾的是,运载火箭只是一种一次性使用的工具。一旦把卫星送入轨道后,它自身的一部分会变成"太空垃圾"长留太空,其余部分则坠入大气层化为灰烬。要发射一颗卫星,就要制造一枚火箭,有时为保险,还要制造备用火箭。这需要多大的代价呀! 因此,就是一些富有的航天大国也不堪负担,时时去寻找新的出路。

　　航天飞机的出现，为卫星发射新辟了路径。因为它运行在近地 185～1100 千米的轨道上，那里几乎没有重力，因而施放卫星只需要比地面上小得多的推力就行了。加上航天飞机有高达 30 吨的运载能力，完全可以把各种大小的卫星先装入机舱，再带到太空中去发射。这就好比把地面的卫星发射场，搬到了太空中的航天飞机上。卫星从航天飞机弹射出来后，再让卫星上的发动机点火工作，将卫星送入预定的位置。

　　科学家曾算过一笔账，由于航天飞机可以多次重复使用，用航天飞机发射卫星的费用，还不到用火箭发射的一半，你看这多划算。

　　同样的道理，航天飞机也可以在低地球轨道捕捉和修理失效的卫星。太空中那些昂贵的卫星，有时也会突然损坏，或未能进入预定轨道，或因"服役"期满而停止工作。那些因某个零部件损

坏而"短命"的卫星，如让其在太空中"流浪"，真是极大的浪费。此时，航天飞机利用机动飞行，去接近卫星，实行"上门服务"，就地"诊断修理"。有些卫星实在无法修理，就带回地面"住院治疗"。这些"绝活"，绝非是运载火箭所能干得了的。

1984年，"挑战者号"航天飞机在太空中，首次修理好了"太阳峰年号"太阳观测卫星，开了航天飞机修理卫星的先河。1993年和1997年，又有航天飞机两次在太空中修理哈勃望远镜，使它更加"眼明心亮"。我国长征火箭发射的第一颗卫星——"亚洲一号"通信卫星，也是1984年航天飞机从太空中回收下来的美国"西联星6号"通信卫星，它因末级发动机故障未能入轨，在太空中"流浪"了大半年。

航天飞机用来发射和回收卫星，开创了航天器应用的一个新时代。

☞关键词：航天飞机　卫星发射　卫星修理

为什么要建造空间太阳能发电站

利用太阳能发电，在今天已经不是什么梦想。但是在地面上用太阳能发电受着种种限制，把太阳能转变为电能的效率很低。如果要获得充足的电力，就必须铺设面积巨大的太阳能发电板。而这对于寸土寸金的地面来说，显然是十分困难的。所以，太阳能发电站至今没有能够真正大规模地投入实用。

而在太空，广袤的空间就有铺设太阳能接收板的最佳条件。而且，太空中的太阳辐射，由于没有地球大气的阻隔，强度要比地面上大得多。据估计,使用同样面积、同样材料的太阳能接收板,其发电的能力要比地球上高出10倍。现今,人们正为地球上的能源不足和大气污染而倍感困惑,太空太阳能发电更是受到了科学家们的青睐。

1994年,日本的科学家设计了一颗小型的太空太阳能发电卫星。它的形状为三棱柱,在柱体的表面上,贴有太阳能发电板,并装有向地面输送电能的天线。它的输出功率为1万千瓦,相当于一座小型的发电厂。这些电力虽然不多,但提供给太空中的航天器却十分方便。

美国实施的太空发电计划中,有一项被称为"太阳塔"计划。它由一组在赤道上空约1.2万千米的轨道上运行的卫星组成。每一颗卫星的发电功率为200～400兆瓦。还有一项叫"太阳圆盘"计划,它由一组高轨道卫星组成,发电的功率可达到5000兆瓦。这两项计划如果能付诸实施,人类就可以从太空获得充足的电力了。

宇宙太阳能发电站建立以后,它所发出的电能如何才能传输到地面上来呢?这是个难题。

一些科学家建议,可以通过微波的形式将电输送到地面,当微波被精细的金属网状巨型天线接收后,就可以进入地面电网。但是,其中能量的转换始终是一个问题,因此需要有可靠的技术为基础。它还要求尽量减少输送的成本,因为输送的成本,在空间电站中所占的投资比重最大。

目前,空间太阳能发电站还处于设想和实验阶段。科学家估计,10～20年以后,这一设想就会变成现实。

关键词: 太阳能发电站　太空发电

为什么航天器要在太空中进行对接

汽车要进站,轮船要进港,航天飞机和宇宙飞船的"港湾"就是空间站。

空间站通常建在近地轨道上。1971～1982年,前苏联向太空发射了7座名为"礼炮号"的空间站;1973年,美国发射了一座名为"天空实验室"的空间站;1986年,前苏联又发射了"和平号"空间站。目前,美国、俄罗斯、日本、加拿大、巴西和欧洲空间局的11个成员国,正共同筹建世界航天史上的最大

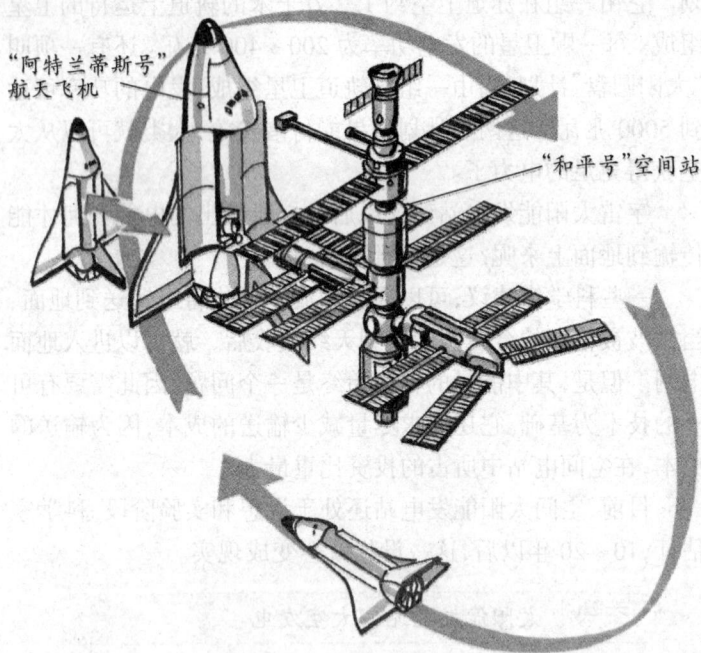

"阿特兰蒂斯号"航天飞机

"和平号"空间站

航天工程——国际空间站。

科学家建立这些空间的港湾,其目的是进行生物医学、天体物理、天文观测和建立太空工厂。因此,有许多科学家必须在空间站里工作一段时间,空间站里的设备需要维修,给养需要补充,人员需要更换……这些工作都由航天飞机和宇宙飞船来承担。当它们来到空间站的时候,由于太空的险恶环境,不能像汽车进站和轮船进港一样方便,这就需要进行太空对接。

1995年6月,美国的"阿特兰蒂斯号"航天飞机和俄罗斯的"和平号"空间站在太空首次对接成功。质量为100吨的航天飞机和质量为124吨的空间站,在缺乏重力的太空环境下对接,任何失误都可能导致相互碰撞而失败。因此,对接的过程十分缓慢,两者的相对速度大约是2.5厘米/秒。对接系统采用了两个圆环构成的双重结构,上层圆环可以缩进,装有3个花瓣状的挂接机械;下层是基座,装有12组挂钩和插销。

两个庞然大物在太空不断纠正航线,终于衔接在一起,这时机械弹簧锁把它们锁住。90分钟以后,对接口通道内灌进了加压空气,航天飞机和空间站的舱盖才打开,航天员们终于相会在一起,相互握手,欢呼对接成功。1995年11月,"阿特兰蒂斯号"航天飞机第二次与"和平号"空间站对接,为建立国际空间站做准备。

1998年12月6日,由美国"奋进号"航天飞机携带上天的"团结舱"——国际空间站的一个部件,与俄罗斯的"曙光舱"实现了对接。这次对接完成了国际空间站的第一期拼装工程,形成了国际空间站的核心。

"曙光舱"和"团结舱"实施对接之后,使航天员完成了国际空间站两个太空舱之间的 40 对电气接头的连接工程，从而使电力和数据可以在两个舱之间流动。

1999 年 5 月，美国"发现号"航天飞机又载着 7 名航天员前往国际空间站，它们为国际空间站运送 1630 千克的各种物资，包括计算机、急救药箱和一台建筑用的起重机，供组装国际空间站的需要。

这一次对接，安排在航天飞机和空间站均从俄罗斯地面站上空飞过的时候，计算十分精确，并且如期完成了对接。

☞ 关键词：空间站　太空对接　"和平号"空间站　"阿特兰蒂斯号"航天飞机

为什么要建造国际空间站

太空是人类除陆地、海洋和大气以外的第四环境。对这个新的环境，人类正在去研究和开发它。而太空中的"小房子"——空间站，正好为人类探索、开发和利用太空资源提供了一个特好的场所。空间站成为人在太空中长期生活的试验基地，可以锻炼人对太空环境的适应能力，为未来人类漫长的载人星际航行和向外星移民做好准备。

从 1971 年至 1982 年，前苏联向太空发射了 7 座名为"礼炮号"的空间站，1973 年，美国也发射了一座名为"天空实验室"的空间站，一些航天员在这些空间站里进行了天文学、医学、生物学等研究，以及对自然资源的考察，取得了不少成绩。但这几座空间站在太空轨道上的寿命都不长，能够接纳航天员的人次也很有限，因此被称为第一代和第二代空间站。

1986年2月,前苏联发射了第三代"和平号"空间站,至今仍在太空中运行。10多年来,共有10多个国家的100多名航天员光顾了这座总长50多米、质量123吨的"航天母舰"。俄罗斯和美国的航天员,还在站上分别创下了439天和188天男、女航天员在太空连续生活的最长纪录。在这个特殊的舞台上,航天员们演出了一幕幕动人的节目,在天文观测、生物医学实验、材料工艺实验和地球资源探测等方面,都获得了重要的成果。

不过毕竟十年沧桑,"和平号"空间站日显老态龙钟。近年来各种故障接连不断,经常处于带病工作状态。于是,一座新的国际空间站便应运而生。

国际空间站是1993年决定上马的,由美国、俄罗斯、日本、加拿大、巴西和欧洲空间局的11个成员国共同筹建,是世界航天史上第一次由多国合作建造的最大航天工程。

根据计划,国际空间站将分三个阶段来完成。第一阶段从1995年至1998年,美国航天飞机与"和平号"空间站对接9

次,利用空间站获取航天员在太空中长期工作和生活的经验,以降低国际空间站装配和运行中的技术风险;第二阶段为1998年至1999年,一些主要部件将发射上天,在太空中构成一个过渡性的空间站,达到有人照料的状态;第三阶段从2000年至2004年,完成全部硬件的装配。整个装配将要动用美国和俄罗斯共47次航天发射,大批航天员将在太空中进行操作。

完工后的国际空间站,由6个实验舱、1个居住舱、2个连接舱、服务系统及运输系统等组成,是个总长88米、质量约430吨的庞然大物。它运行在约400千米高度的太空中,4个宽为108米的太阳能电池提供功率为110千瓦的电力,空间站的居住舱容积为120立方米,气压始终保持在一个标准大气压。与"和平号"空间站相比,可算是"鸟枪换炮"了。

人类离不开空间站,航天需要空间站。国际空间站作为航天技术发展的重要里程碑,将在人类征服宇宙的过程中继续做出新的贡献。

☞ 关键词:空间站　国际空间站

什么是"阿波罗"登月计划

"阿波罗"登月计划也称"阿波罗"工程,是20世纪60～70年代美国组织和实施的一项载人登月工程。阿波罗是古希腊神话中太阳神的名字,他和月亮女神阿尔特米斯是双胞胎,所以,美国人用"阿波罗"作为登月计划的名字。"阿波罗"工程

的目的是实现载人登月飞行，并对月球进行实地考察。

"阿波罗"工程是世界航天史上的一个重要里程碑，它把人类的足迹移上了另外一个星球。工程始于1961年5月，至1972年12月结束，共组织了2万家企业、200多所大学和80多个研究机构约30多万人参加，历时11年，共耗资255亿美元。

"阿波罗"工程包括运载火箭——"土星5号"和载人飞船——"阿波罗号"飞船两大部分。飞船总重45吨，由指挥舱、服务舱和登月舱三部分组成。从1966年起，"阿波罗号"飞船共发射了17艘："1号"至"3号"为试验用的模拟飞船；"4号"至"6号"为无人飞船；"7号"至"10号"为绕地球或月球轨道的载人飞船；"11号"至"17号"为载人登月飞船。

1969年7月21日，"阿波罗11号"飞船在月球静海西南角着陆，航天员阿姆斯特朗首先走下登月舱踏上月面，成为第一个到达月球的人。"阿波罗"工程总共把6艘飞船送到月球，12位航天员在月面上停留，使人类对月球的了解大大前进了一步。

在这成功的六次登月中，航天员们总计在月面上停留了约300小时，其中"阿波罗17号"飞船在月面上停留的时间最长，达到75小时。他们总共采集了385千克的岩石和土壤标本，这些标本分别采自月海和月球环形山。"阿波罗12号"从环月轨道上将登月舱上升段射向月面，进行了人工"陨星"撞击试验，引起月震达55分钟之久。"阿波罗15号"和"阿波罗16号"在环月轨道上各发射出1颗月球卫星。"阿波罗15号"、"16号"和"17号"的航天员，还驾驶月球车在月面活动和采集岩石。这些情景都适时通过电视传回地球，让亿万地球上的人同享新奇与欢乐。

关键词："阿波罗"登月计划 "阿波罗号"宇宙飞船

人类是怎样首次登上月球的

美国东部时间1969年7月16日，星期三，一个万里无云的好日子。上午9点半，庞大的"土星5号"运载火箭一声巨响，载着"阿波罗11号"宇宙飞船徐徐升上太空。150多万激动无比的人们赶到肯尼迪航天中心来观看发射，光是新闻记者就达3500人。随着飞船的升空，帽子、手杖、眼镜、钢笔都被抛上了天空，人们发狂般地跳跃喊叫，"上去了！上去了！"的声音震耳欲聋。远在华盛顿电视机旁的尼克松总统高兴地宣布：四天之后为月球探险的全国共庆日。并提议那天全国放假一天。

三天后的7月19日下午，飞船到达月球上空，驾驶长柯林斯完成了最后的不允许出现丝毫偏差的轨道调整，使飞船在月球上空 15 千米处绕月飞行。7 月 20 日，另外两名航天员阿姆斯特朗和奥尔德林登上了名叫"鹰"的登月舱，从飞船出发，随着制动减速火箭，"鹰"沿曲线轨道徐徐下滑，平稳地降落在月面上一个名叫"静海"的平原。经过 6 个半小时的准备后，身穿航天服的飞船船长阿姆斯特朗打开了飞船舱门，爬出舱口，在 5 米高的进出口台上呆上了几分钟，仿佛藉以安定一下十分激动的心情似的。然后，他慢慢地沿着登月舱着陆架上

的扶梯走向月面。为了使身体能适应只有地球1/6的月球重力环境,他在扶梯的每一个台阶上都要稍微停留一下,仅仅9级扶梯竟花费了3分钟!

通过电视,地球上亿万人看到了阿姆斯特朗先是小心翼翼地把左脚踏上月面,然后鼓足勇气将右脚也踏在月面上。

人类终于首次在另一个星球上留下了自己的脚印。此时,阿姆斯特朗手腕上的欧米茄手表指针正好指向晚上10点56分。当他向月面迈出第一步时,通过无线电向整个地球上的人类说出:“对于一个人来说,这只是一小步;但对人类来说,这是巨大的一步。”

多么朴素而又激动人心的言语啊!

19分钟后,奥尔德林也下到月面上来了。他们两人先是在月面上插上了一面美国国旗,然后留下一块金属纪念碑,上面写道:“公元1969年7月,来自行星地球上的人首次登上月球。我们是全人类的代表,我们为和平而来。”在月面停留的2小时21分钟里,他们完成了好几项科学试验,比如用铝箔捕捉从太阳射出的稀有气体,设置测量月面震动的月震仪,安放一块0.186平方米的激光反射镜,用来测量地球与月球的精确距离,他们还采集了23千克的月球岩石和土壤。

7月21日,阿姆斯特朗和奥尔德林完成考察任务后,进入登月舱的上升段,与在月球轨道上停留的柯林斯会合后,平安返回了地球。

人类首次登月的壮举,将永载史册。

关键词:“阿波罗11号” 载人登月

为什么航天员用跳跃方式
在月面上行走

从电视里观看"阿波罗"登月时的情景,你会发现航天员在月面上活动时,多数情况不是用脚行走,而是用脚跳跃,这是为什么呢?

先要对月球作些简单的介绍。月球是地球唯一的天然卫星,它的直径约为地球的1/4,是太阳系中比较大的卫星,仅次于木星的卫星木卫三和土星的卫星土卫六,比九大行星中的冥王星还要大1/3。由于月球的质量只是地球的1/81,因此月面上的重力差不多只相当于地球重力的1/6。一个在地面上重600牛顿的人,在月面上只重100牛顿了。如果在月球上跳高,你要比在地面上跳得高得多。一个跳高运动员可以在月面上跳到8米多高,人人到月球上去都可以成为跳远和跳高"冠军"。

月球是个低重力的环境,航天员穿上150千克的登月服,也不会感到重压在身,在月面上走起来显得轻飘飘的。但是,航天员在行走时,月面对他产生的水平推力也只有地面上的1/6,所以在月面上走一步比在地面上走一步所花的时间长,只能"姗姗而行"。如果航天员在地面上1分钟可走100~120步的话,那么在月面上他尽最大努力也只能走上20步。同时,月面上有一层厚厚的细沙,走在上面很容易滑倒。再加上所背的大背包(登月服)使人体的重心后移,一不小心,即使是微小的后仰,也会"人仰马翻",所以,在月面上航天员很容易跌跤。但是,月面上的跌跤却别具特色——都是慢慢地跌下去,但爬起来却又快又容易。

在月面上的航天员,如果像在地面上那样迈方步行走,自然就很容易跌跤。因此,他们改用单脚跳跃前进,后来,又想出了用双脚跳行,这样既快又可以减少体力消耗。他们像小孩似的在月面跳跃着前进,有时用单脚,有时用双脚,还边跳边喊:"太好玩了! 太好玩了!"这种跳跃行走的办法,可不是航天员在地面训练时就事先想好的,而是他们在月面上的急中生智"创造"出来的。

"阿波罗"登月一共成功地进行了六次,其中后三次航天员们带去了电动的月球车。他们驱车在月面上四处巡游,大大方便了他们的出行。月球车最远可以开离登月舱 20 千米,使航天员能在更广的区域里进行科学考察。

> 关键词: 月球　月面行走　月球车

为什么要开发月球

月球是距地球最近的天体,也是除了地球人类至今唯一留有足迹的星球。人类对月球的研究可以追溯到上古时代,那时候就有了关于月食的记录和预测。经过古代、近代和现代科学家长期的研究,尤其是 20 世纪末的 40 年里,人类多次的登月活动,对月球土壤的取样和分析,以及用航天器对月球的逼近探测,等等,结果证明,月球已经具备被人类开发利用的基本条件。

首先,月球上有丰富的物质资源。月球上有地球上所有的元素和 60 多种矿物,其中还有 6 种矿物是地球没有的。在月球的土壤中,氧的含量为 40%,硅的含量为 20%,还有丰富的钙、铝、铁等。

最令人振奋的是,1998 年 1 月 6 日发射上天的美国"月球勘探者"发回的数据表明,在月球的两极存在 10 亿～100 亿吨水冰。由于月球表面的大气压不到地球大气压的一万亿分之一,在月球上阳光照射到的地方,月面的温度可以达到 130～150℃,这对于沸点远低于 100℃ 的月球液态水来说,很容易沸腾蒸发。而且月球的质量小、引力薄弱,无力束缚住水蒸气,致使气态水在月球逃逸殆尽,不留踪迹。

但是,月球的两极非常特

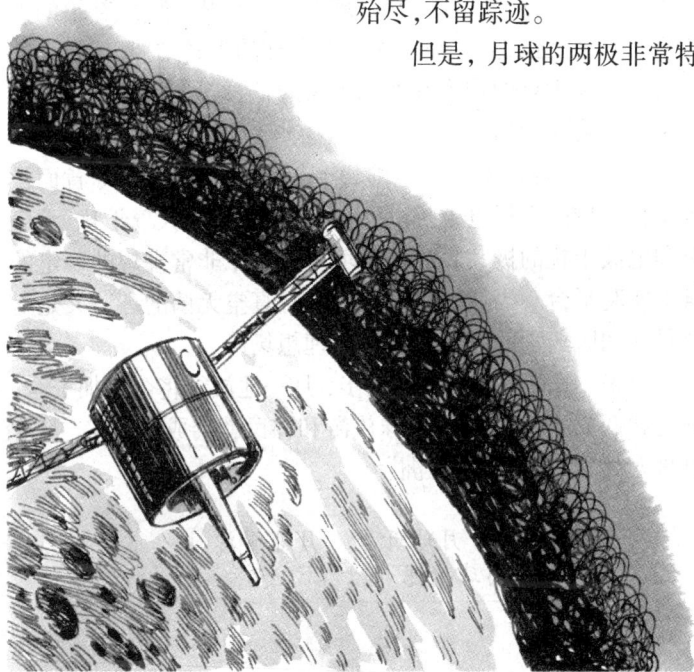

殊。例如,月球的南极有一个直径 2500 千米、深 13 千米的艾物肯盆地,该盆地被认为是陨星坠落月面所致,里面黑暗幽深,终日不见阳光,温度始终保持在 −150℃ 以下,因而成为固态的水——冰的藏身之地。

水是由氢氧两种元素组成的,今后,人类在月球上建立基地所需要的水和氧气,就无需依靠地球供给,可以在月球就地采用。在月球基地开采月球的自然资源,把原料加工成空间使用的最终产品,是极其诱人的事业。

其次,月球上的引力只是地球引力的 1/6,月球上的逃逸速度只及地球的 1/5。所以,月球的低重力,无大气的环境,十分有利于航天器的发射。在月球上建立组装、维修、补给的人类航天基地,将成为人类飞往其他星球的中转站。月球航天基地会使星际飞行的难度和费用大大降低,人类进入宇宙的深度和广度将大大增加。

再次,月球没有大气包围,声波无法传递,在月球背面没有来自地球的无线电干扰。所以月球的这种无大气干扰、无声波和电波干扰的极其寂静的环境,是一个非常理想的稳定的科学实验平台。当然,月球的低重力、真空无菌的环境又是材料科学和医药学的研究和生产的理想场所。

将来,随着科学技术的进步,月—地旅行将会更加安全、舒适和低成本。那么,到月球旅游和移民就会成为现实。月球将是人类开发的"第六大洲"。

☞ 关键词:月球　月球开发　月球资源
　　　　　"月球勘探者"

为什么要在月球上建立永久基地

到 21 世纪初，人类将重返月球，并在那里建立永久基地。人要到月球上去干什么？

首先要建立月球发电站。地球上的能源日渐枯竭，自然就想到在月球上建立太阳能电站为地球所用。科学家设想，在月面上安装数以千计的太阳能电池阵，收集太阳能转化成电能，并以微波形式送回地球。月球发电有许多优点，它不受天气和季节变化的影响，而且费用低，安全可靠，几乎是取之不尽、用之不竭。

其次要建立月球天文台。月球上引力小，加上没有大气的遮挡，十分有利于架设巨型望远镜，帮助人类更好地研究遥远

星系的秘密。

　　建立月球工业和开采无公害的核原料，是月球永久基地的重要工作。高真空和低重力，使月球工厂能生产出许多地球上不能或难以制造出的高性能材料。月球土壤里有大量的核原料——氦 3，它是一种核聚变最理想的燃料，用它发电，不会造成环境的污染。

　　最后要把月球变成宇宙航行的中转站。从月球上向其他星球发射探测器和宇宙飞船，要比地球上容易得多。近来月球上又发现了水，这不仅可供航天员生活之用，而且用水制造出的液氢和液氧，正是火箭所用的燃料。未来人类远征宇宙之时，月球必然会成为不可多得的跳板和中转站。

关键词：月球开发　　月球基地

"月球勘探者"是怎样找到月球水的

20世纪末,"月球勘探者"在月球上发现了水,这一消息对人类来说就像当年哥伦布发现美洲大陆那样惊喜。

早在1996年,科学家在分析研究1994年"克莱门汀1号"探测器拍摄的1500张月面照片后,产生了争议,因为有一张照片被某些科学家怀疑是月球南极的冰湖照片。

于是,"月球勘探者"探测器带着证实月球是否有水的任务,于1998年1月6日发射升空,并于1月12日顺利进入月球轨道,开始了它的找水探测。在月球上空,"月球勘探者"是怎样找水的呢?

原来,"月球勘探者"携带了一种先进的找水仪器——中子光谱仪。我们知道,水分子是由氢原子和氧原子组成的。中子光谱仪对氢原子特别敏感,再加上月球上几乎没有大气,所以,如果中子光谱仪在空中发现月面有过量氢原子存在,就可以找到水。中子光谱仪找水的本领非常高,它高高在上

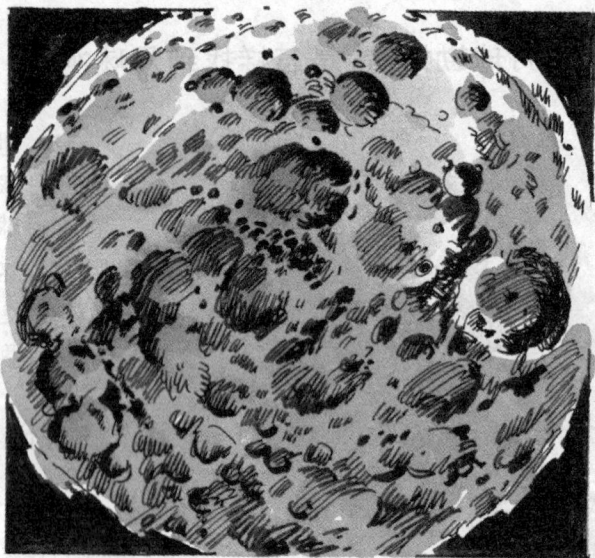

就可以在 1 立方米的月球土壤里测出一小杯水的含量。

"月球勘探者"经过 7 个星期的月面扫描探测后发现,月球两极的盆地的底部存在水。由于那里终年照不到阳光,温度极低,常年在 −150℃ 以下,水都是以固态形态——冰存在。冰的上面还盖有一层几十厘米厚的土层。

那么,月球水是从哪儿来的呢?科学家们认为,月球经常受到彗星的撞击,而彗星的含水量约为 30% ~ 80%,彗尾中水蒸气的含水量高达 90%。这些外来的水分在月面受到阳光照射而蒸发,而一部分水蒸气在月球两极那些温度极低的盆地底部凝结起来。所以,这些冰不是集中在一起的,而是与尘土混合的冰渣。

☞ 关键词:月球 "月球勘探者" 中子光谱仪

为什么人类要多次探测火星

在太阳系的九大行星中，火星和地球在许多地方十分相似：火星自转一周是 24.66 小时，昼夜只比地球上的一天多 40 分钟；火星自转倾斜角也和地球相近，所以火星上也有春夏秋冬四季的气候变化；火星上还有大气层。

1877 年，意大利天文学家斯基帕雷用望远镜发现火星上有许多细长的暗线和暗区，他把暗线称为"水道"。有人干脆把"水道"翻译成英语的"运河"，暗区就成了"湖泊"。有运河就有智慧生命的大规模活动。于是，一个世纪以来，有关这颗红色星球上的火星人和火星生命的传说、猜测和探测不断出现。眼见为实，只有对火星进行逼近观测，才能彻底解开这些谜。20 世纪 50 年代后，人类就开始了利用航天技术探测火星的努力。

早在 1962 年 11 月 1 日，前苏联发射了"火星 1 号"探测器，开始了人类对火星的逼近探测。

1965 年，美国发射的"水手 4 号"探测器，在距离火星 9280 千米的高处，首次拍摄了 22 张火星照片。

1969 年，"水手 6 号"和"水手 7 号"探测器观测了火星南极，并且发现火星大气中的二氧化氮含量高达 95%。

1972 年，"水手 9 号"探测器拍摄了 7000 多张火星照片，这些照片显示了火星表面 70% 区域中的峡谷、火山和干涸的河床。

1974 年，前苏联发射的"火星 5 号"首次拍摄了火星的彩色照片。

"水手"系列探测器拍摄的大量照片表明，火星上根本没有什么运河。

那么，火星上究竟有没有生命呢？这必须对火星作进一步的了解，除了逼近观测外，还必须作着陆探测。

1976年，美国发

射的"海盗1号"和"海盗2号"探测器携带的两个着陆器,在火星表面成功软着陆。它们测量了火星上的温度、风速、大气压,分析了火星大气和土壤的成分。"海盗号"还在空中拍得4500多张火星照片。令人失望的是,土壤分析结果没有发现生命物质,甚至没有找到有机化合物。但是,这两个着陆器只是随机降落在火星表面的两个点,能不能让探测器在火星上行走,去"寻找"人类感兴趣的目标呢?21年后,这个愿望实现了。

1996年12月,美国发射"火星探路者"探测器。1997年7月4日,"火星探路者"经过7个月的旅行,行程4.94亿千米,终于来到火星,并成功地在火星上的阿瑞斯平原着陆。这是自"海盗号"以后,人类再次把航天器送入火星表面,也是美国航天局跨世纪的一连串火星轨道和着陆探测计划的开始。

"火星探路者"携带了一辆六轮小跑车,称为"漫游者"。"漫游者"在着陆器着陆后的第二天走下着陆器,开始对选定的目标进行研究。在以后的90天里,"火星探路者"共向人类

发回了 1.6 万张照片。

1996 年 11 月,美国发射"火星全球勘探者"飞船。"火星全球勘探者"在 1997 年 9 月进入火星轨道,这是人类成功地送入火星的第一个轨道器。

"火星探路者"终于找到了一些支持"火星生命说"的证据,从它发回的 1.6 万张照片中科学家发现,几十亿年前,火星的阿瑞斯平原曾发生过大洪水,而现在的火星可能与地球一样有晨雾,说明火星上有水,有水就可能有生命。而"漫游者"的研究结果,证实地球上的一块编号为"ALH84001"的陨星,可能来自火星,而美国航天局的科学家宣布,他们在这块陨星中发现了可能存在原始生命的证据。

为了全面了解火星,寻找火星生命的证据,美国计划在 1999 年以后到 21 世纪初的 10 年中,再发射 10 颗火星探测器,并在 2008 年,把多达 1 千克的火星岩石样本带回地球的实验室进行研究。

关键词:火星探测 "火星探路者"
        "火星全球勘探者"

"卡西尼号"怎样进行跨世纪土星观测

土星有一个美丽的光环,这使得它在太阳系中十分引人注目。土星的大气成分复杂,赤道附近的风速超过 500 米/秒。土星有 20 多颗天然卫星,人们最感兴趣的是土卫六,它是土星最大的一颗卫星,还有一个名字叫"泰坦"(希腊神话中

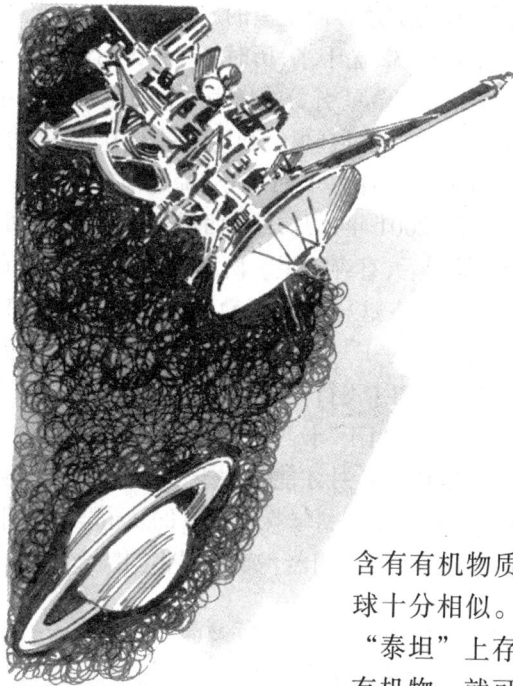

的大力神）。"泰坦"的引人注意之处不仅因为它的个头大，更重要的是它是太阳系中除了地球之外唯一具有稠密氮气大气层的天体。科学家猜测，"泰坦"上有海洋，海洋中含有有机物质，和原始的地球十分相似。如果能探测到"泰坦"上存在合成大分子有机物，就可以推测地球生命的诞生过程。

人类探测土星的使命，交给了"卡西尼号"土星探测器。1997年10月15日，美国成功发射了"卡西尼号"大型行星探测器，这是20世纪人类耗资最大的空间计划之一。

由于土星距离地球非常遥远，有8.2～10.2天文单位（1个天文单位约合1.5亿千米），所以，即使使用当时推力最大的火箭，也无法把质量为6.4吨的"卡西尼号"加速到直飞土星的速度。

于是，科学家巧妙地为"卡西尼号"设计了借助金星、地球和木星之间的引力，接力加速奔向土星的旅程。这样一来，"卡西尼号"的行程将增加到 32 亿千米，历时 7 年。1998 年 4 月，"卡西尼号"绕过金星，在金星引力的作用下，加速并改变方向；1999 年 6 月，它再次飞过金星，利用金星引力进一步加速，向地球奔来；1999 年 8 月，"卡西尼号"掠过地球，借助地球引力加速飞向木星；2001 年 1 月，"卡西尼号"从木星那里进行最后一次借力加速后，直奔土星。两次金星借力，一次地球借力，一次木星借力，这样的飞行轨道安排就是著名的"VVEJ 飞行"，这里的"V"、"E"、"J"分别是金星、地球、木星英文单词的首写字母。"VVEJ 飞行"可以使"卡西尼号"的土星之旅节省 77 吨燃料，这相当于"卡西尼号"总质量的 10 倍。

　　"卡西尼号"于 2004 年 7 月才能到达土星。"卡西尼号"实际上由两部分组成：载有 12 台科学探测仪器的轨道器和携带 6 台科学仪器的"惠更斯"子探测器。轨道器将围绕土星进行

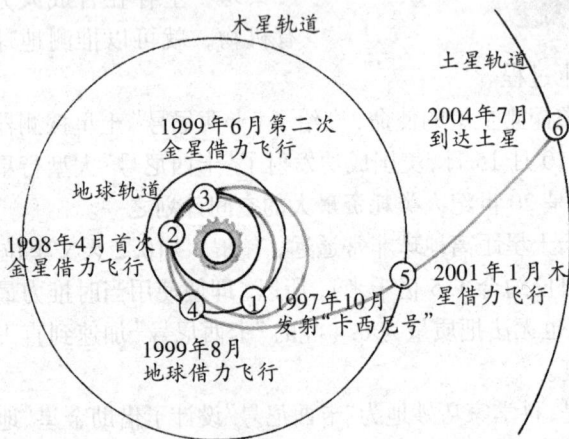

"卡西尼号"VVEJ 轨道运行示意图

木星轨道

土星轨道

1999年6月第二次
金星借力飞行

2004年7月
到达土星 ⑥

地球轨道

③

1998年4月首次
金星借力飞行 ②

① 1997年10月
发射"卡西尼号"

⑤ 2001年1月木
星借力飞行

④

1999年8月
地球借力飞行

历时 4 年的全面的科学探测,而"惠更斯"子探测器将在土星的卫星"泰坦"上着陆,帮助科学家解开长期以来有关"泰坦"的许多不解之谜。

关键词:土星　土卫六　"卡西尼号"

为什么要发射阿尔法磁谱仪

由诺贝尔物理奖得主、美籍华裔著名物理学家丁肇中发起,美国、中国、俄罗斯、德国、意大利、法国等 10 个国家和地区的近 200 位物理学家和工程技术人员参与研制的阿尔法磁谱仪,于 1998 年 6 月 3 日搭乘"发现号"航天飞机发射上空,揭开了人类探测宇宙中反物质和暗物质的序幕。

根据大量的天文观测和天体物理实验,天文学家提出了宇宙大爆炸理论,即宇宙起源于 150 亿年前的一次大爆炸。大爆炸后,宇宙不断地膨胀,形成了现在包括人类居住的地球在内的物质世界。我们知道,所有物质是由原子组成的。原子的中心是原子核,原子核由质子和中子组成,带正电;原子核的周围是带负电的电子,它们围绕着原子核作高速旋转。然而,根据粒子物理理论,大爆炸在产生大量物质的同时,还应该产生相同数量的反物质。反物质的原子核由"反质子"和"反中子"组成,带负电;围绕着反物质原子核旋转的则应该是带正电的"正电子"。1932 年,人们已经在实验中证实了"正电子"的存在。1997 年,欧洲核子中心利用氦原子与反质子相撞产生了反氢原子。物质和反物质相遇时会产生强光,化作巨大的能量,同时,物质和反物质会"湮灭"而消失。"湮灭"产生的能量比我们知道的原子核裂变或原子核聚变产生的能量还要大许多倍。

因此,寻找反物质不仅能了解宇宙的起源,而且可以为人类找到另一种潜在的能源。它的意义不亚于当初人类发现原子能。

宇宙中还存在不发光、也不反射光,但具有万有引力的暗物质。暗物质不能用天文光学方法直接看到,但科学家相信,暗物质大约占宇宙物质总量的 90%。暗物质到底是以什么形式存在的? 这也是科学家孜孜以求的一个梦想。

阿尔法磁谱仪的任务就是去寻找宇宙中的反物质和暗物质。阿尔法磁谱仪的探测装置的主要部分是由中国

研制的。到 2002 年,阿尔法磁谱仪将被航天飞机送上国际空间站安置,并在那里探寻宇宙中反物质和暗物质的踪迹。

> 关键词: 阿尔法磁谱仪　反物质　暗物质　湮灭

为什么探测器要登陆彗星

太阳系里的彗星,大部分在远离太阳的极其寒冷的地方出没。彗星上保存着太阳系形成早期的最原始的物质,可是,彗星究竟是由什么物质组成的,我们对此只有猜测而不能定论。

为了采集彗星的原始物质,1999 年 2 月,美国航天局派出了"星尘号"探测器,它将在 2004 年与一个叫"怀尔德 2 号"的彗星相遇。"星尘号"探测器是一个质量达 385 千克的机器人,在地球引力的帮助下,它将穿越 4.8 千米的彗星轨道平面和彗星相遇。在相遇之时,"星尘号"准备伸出一只用气凝胶构成的巨型"手套",从彗尾处收集星体物质,将它装在返回舱里,带回地面。预计,科学家在 2006 年可取得彗星尘埃,这将是人类第一次从"地—月系统"外收集到的天体标本。如果此项计划能成功的话,我们就可知道看似披头散发的彗星,究竟是由什么物质构成的了。

与此同时,一项更加激动人心的探测并登陆彗星的计划也开始酝酿。

一位名叫布莱恩·缪尔黑德的美国科学家,设计了这样一个奇思妙想,他准备派遣一个叫"深空 4 号"的探测器,在距地球几亿千米外的一颗名叫"坦普尔 1 号"的彗星上登陆。

"坦普尔 1 号"彗星每隔 5 年半绕太阳一周,它的轨道直径大约是 6 千米。尽管科学家相信彗星是由冰和尘埃组成的,可是在没有采集到彗星的实样以前,总是一个未知数。科学家设想,彗星表面的质地在棉絮和混凝土之间,因此为登陆器设计了一个类似鱼叉的装置。如果彗星的表面坚硬,鱼叉就锚定在它的表面;如果彗星表面柔软,鱼叉就会完全陷入彗星表面,然后展开一把小小的金属伞,以便固定在那里。

"深空 4 号"将于 2003 年 4 月发射升空。在发射 2 年半以后,探测器将与"坦普尔 1 号"彗星相会。然后,在彗星的周围逗留 115 天,寻找登陆点。

"星尘号"探测器的取样和"深空 4 号"探测器的登陆,将谱写人类探测彗星的新篇章。

👉 关键词:**彗星**

什么样的人可以当航天员

航天员是真正的"天之骄子",要想当一名航天员,可不是一件容易的事。

在人类开始载人航天的初期,人们对太空环境还没有切身体会,只知道那里环境恶劣,会对人的生命有种种威胁,因此,认定人进入太空是件极其冒险的事。据此,无论前苏联和美国,都是首先从军用喷气式飞机的驾驶员中挑选航天员。因为这些人都经历过长期高空、高速飞行环境的锻炼,能较快适应恶劣的航天环境,能迅速果断地决策,善于应付各种意外的情况。从成百上千的优秀飞机驾驶员中,最后只能挑选出少数的航天员候选人。第一批前苏联航天员只有 20 人,而美国仅 7 人。

随着航天计划的扩展和航天器生命保障系统的不断完善,对航天员的挑选条件也有所降低,但是,四个方面素质的要求是不可少的,即身体素质、心理素质、思想素质和知识素质。

身体素质除了一般的健康外,还应具有许多特殊的耐力,如耐超重、耐低气压、耐热、耐振动、耐孤独等;心理素质是指情感的稳定性、自我控制能力、与同事共事的适应性和协调性等;思想素质主要是看是否有对航天的献身精神和为航天事业不屈的奋斗精神;知识素质则要求航天员必备一定的文化科学基础。

如果你想成为职业航天员,那么你的年龄应小于 40 岁,身高在 1.5～1.9 米之间,体重与身高要协调,有 1000 小时以上喷气式飞机的驾驶经验,并具有学士以上的学历,视力、血压及内脏均应健康,还要有坚强的意志和为航天事业献身的决心。如果你只想到太空中去做些科学实验,即成为非职业航天员,那么你必须是学识渊博的科学家或工程师,身体健康和情绪稳定,年龄则可以放宽许多。

愿更多的少年读者从小就向这个目标努力吧!

关键词:**航天员**

为什么患近视的人也能当航天员

要回答这个问题，首先要介绍一下航天员是由哪些人组成的。

目前,构成航天员队伍的有三类人员:一是载人航天器的驾驶员,负责在宇宙航行中操纵驾驶航天器;二是飞行任务专家,负责航天器在飞行中的维修,完成飞行中对卫星或探测器的施放和修理,还有到舱外执行某些特殊任务;三是载荷专家,他们就是到太空中进行科学实验的科学家和工程师。前两类航天员是职业的,而后一类航天员是非职业的,只有担负与自己有关专业的任务时才登上太空。

早期航天员的挑选是十分严格的,通常是从喷气式飞机的驾驶员中选拔,可谓是千里挑一,所以对身体的要求也极为苛刻,当然患有近视眼的人是不可能入选的。

随着航天技术的发展,宇宙飞船和航天飞机频频进出太空,载人航天的活动次数也越来越多,空间站已成为人类在太空停留的重要场所。因此,今后会有更多的人进入太空生活和工作。据统计,全世界需要矫正视力的人高达48%(主要是近视眼),而患近视眼的人在科学家和工程师中所占的比例还会更高。如果戴着眼镜上太空,那是很不方便和不安全的,但把他们统统排除在航天员之外,又是一个很大的损失。出路在哪里呢?

用隐形眼镜可以解决这个问题。国外已经让航天员戴上隐形眼镜,作过模拟上天的试验,都没有出现不良反应,并公认隐形眼镜是矫正航天员视力的理想用品。

从今以后，不仅科学家和工程师上天可以不受视力上的限制，对未来的太空游客们也敞开了一扇大门。

关键词：航天员　近视眼　隐形眼镜

为什么在太空中人的身体会长高

生活在太空里的航天员，会发现一个奇怪的现象：自己在太空里长高了，而且非常明显，最多的可以长高5.5厘米。这是由于太空中的失重在作怪。由于没有了重力，一切都没有上下之分，人体脊骨的椎盘会扩展，所有的关节也会松弛、间隙增大。几十个关节的微小扩张叠加起来，就会使身体明显地增高了。不过，这个现象一经回到地面，几小时后就会消失。

在地面上，人的身长在一天中也会有所变化，早晨起床时人的身体最高。这是因为经过一整夜平躺在床上，各个关节都处于松弛状态，情况与太空中有点相似。当然这不是因失重造成的，所以并不严重，顶多也只会产生约1厘米的变化量。

失重环境，对人类是一种新的财富。我们可以在太空中利用失重去制造出许多在地面上不能或很难制造出来的高、精、尖产品，完成许多在地面上不能进行的科学实验。但是，对航天员的身体来说，失重却是一种不能避免的"灾害"。

人长期在地面的重力场内生活，地球重力吸引血液向下流动。在失重环境里，血液被重新分配，下肢血量减少，头部血量增多，致使静脉压不再起作用，血液中的水分会过多丢失，使得血液变得又浓又黏。在失重的环境里，人体骨骼受力减少，时间一久，肌肉萎缩，骨骼变得松脆，特别是骨骼内钙和磷的丧失，使航天员返回地面后变得软弱无力、举步艰难。失重还会引起血液中红细胞和淋巴细胞减少，免疫能力减退。在失重的环境中，大多数航天员还会发生前庭—中枢神经反应，出现恶心、呕吐、面色苍白、出汗、晕眩、工作能力下降，即所谓的航天运动病。

为了尽量消除失重对身体的影响，除加强航天员的训练、合理的作息制度、合理的饮食和营养外，体育锻炼和药物预防也有一定的效果。在未来的星际航行时，由于失重的时间相当长，还可以在航天器内制造一种人工重力，以彻底解决这个航天医学的大难题。

> 关键词：**失重　航天医学**

航天员在太空中是怎样生活的

太空是个重力十分微小的地方，在那里，航天员的生活与地面大不相同。

比如吃饭，如果你像在地面那样端着一碗米饭，那饭会一粒一粒地飘满整个房间，你张着嘴可能一粒饭也吃不着，而你闭上嘴时，它却可能钻进你的鼻孔。因此，太空食品都要经过特制，装在软管或软袋里。航天员进餐时，先要将身体固定好，动作要轻柔，呼吸节奏要调节好，以免把食物弄碎飞扬，不要张开嘴咀嚼食物，只能用鼻呼吸，否则食品会从嘴中逃出。

在太空中洗漱更是有趣。刷牙不用牙膏和牙刷，而是嚼一种类似口香糖的胶质物,让牙齿上的污垢粘在胶质物上,达到洁齿的目的。洗脸也不用水和毛巾,只用浸湿的手纸擦擦了事。

太空中上厕所是件麻烦事,必须坐在精心设计的马桶上,两脚先放进固定的脚套里,腰间用座带绑好,双手扶着手柄,不然人就会浮在半空。太空马桶是不用水冲的,而是一个特制的抽气机,将粪便吸进塑料袋里,以便集中处理。

航天员的睡觉姿势可说是千奇百怪。由于失重,无论是站着、躺着,还是飘着都可以入睡。但多数人还是喜欢睡在固定的床上或墙壁上的睡袋里,然后把睡袋拉

紧给人体施加上压力,以消除那种飘飘欲坠的不安全感觉。

总之,航天员的太空生活就是这样奇妙,你想去体验吗?

关键词:航天员　太空生活　太空食品

航天员是怎样训练出来的

在挑选出航天员的候选人后,航天员的训练就开始了。训练一般包括三个方面,即航天理论和基础知识训练;各种航天特殊技能训练;增强体质的体育训练。

航天员的航天过程是从地面起飞开始,经过地球大气层,进入宇宙空间,最后平安返回地面。因此他们必须掌握与此有关的各种基础知识,如飞行动力学、空气动力学、地球物理学、气象学、天文学和宇宙航行学等;航天员是借助火箭和各种载人航天器飞行的,因此他们还必须熟悉火箭、航天器的设计原理、结构、导航控制、通信、座舱中设备和仪表的性能以及简单的检修技能;他们还必须详细掌握每次出航任务的细节。

航天特殊技能训练,主要是模拟航天飞行的真实环境和过程,使航天员熟练地掌握操作技能,应付各种可能出现的情况。这主要包括五个方面的训练:一、飞机飞行训练,以提高航天员的耐噪声、振动和超重的能力,增强人体前庭器官系统的稳定性,训练在失重时的生活和工作的能力。二、大型离心机上的超重耐力训练,超重值要达到 $10g$(g 指地球表面的重力加速度,约为 9.8 米/秒^2)以上。三、水下失重模拟训练,在水中可以产生类似失重环境中活动的效果。四、飞行模拟器训练,供航天员熟练地掌握航天器的操纵技术。五、各种应急训练,如长期在寂静中孤独生活,航天器设备出现故障的应急处理,如何安全脱险和海上救生等。

此外,航天员从事的是一项非常艰苦的工作,其体力消耗十分巨大。因此必须始终不断地进行增强体质的体育训练。

关键词:航天员

航天员是如何从座舱进入太空的

我们知道,航天员是乘坐宇宙飞船进入太空的。在太空中,航天员的绝大部分时间也是呆在宇宙飞船的座舱里,可有时候,航天员要走出座舱,进入太空。这可不像我们从教室走到操场那样简单。

因为在载人航天器中,如宇宙飞船、空间站等,座舱里都保持着一定的气压和温度,与我们地面上的大气环境基本相似,航天员不用穿戴任何仪器,就可自由呼吸、生活。可是,在这些载人航天器的外面,则是茫茫太空,不仅温度极低而且高度真空。所以在航天器内外是气压和温度相差极大的两个天地。

航天员从座舱进入太空时,不仅要穿上特制的航天服,保护自身的安全,还要采取一定的措施,保证载人航天器中的环境不因为航天员的出入而遭到破坏。所以,科学家为各种载人航天器专门设计了一种气闸舱。

航天员要从航天器里出来,好像要从一个封闭的气球里走出来。如果像我们平时走出屋子那样从座舱进入太空，即使门关得再快，航天器里的空气也会很快跑光，就像气球被戳破。但是如果有两扇门，当人走出第一扇门时，第二扇门还关着。然后，先关闭第一扇门，再打开第二扇门走出去。这样，始终有一扇门是关着的，航天器就能保持密封状态，而不会漏气。气闸舱就是按照这个道理设计的。

身穿航天服的航天员在进入太空之前，首先进入气闸舱。然后，关闭气闸舱与座舱之间的舱门，使气闸舱与座舱隔离。接着，气闸舱以一定的速度减压，直至达到与舱外一样的空间压力。这时候，气闸舱的舱门被打开，航天员就能出舱进入太空了。当然，这时候保持一定的压力和温度，维持和保护航天员生命的任务就交给航天服了。

关键词：太空　航天员　座舱　气闸舱

为什么航天员要穿航天服

去太空旅行的航天员都要带上一件航天服，那是为了适应太空环境的需要。太空环境十分险恶，大大小小陨星的袭击，常常令航天员猝不及防；高空的辐射，会危害人体的细胞膜，干扰或终止细胞的抗疾病功能；还有太空中充斥着人类遗弃在那里的太空垃圾，对航天员的生命也是一种威胁。为此，航天员需要严格的保护措施，才能去太空工作。

航天服是一件高科技的产品。它的作用除了防御来自太空的侵袭以外，还有一套生命保障系统和通信系统。它能帮助航天员适应太空中温度的急剧变化,使航天员有合适的温度、氧气和压力,如同在地面上一样舒适;在太空行走时,可以方便地与航天器上的航天员通话联系。

航天服的设计者,可谓精心而周全。他们把航天服制成多层的套服,一般至少有5层。

与皮肤接触的贴身内衣又轻又软,富有弹性,通气又传热,内衣上安有辐射计量计,以监测环境中各种高能射线的剂量。内衣上的腰带,具有生理监测系统,可随时测定心率、体温。

第二层是液温调节服。衣服上排列

着大量的聚氯乙烯细管,调节温度的液体通过细管流动,温度的高低可由航天员自己控制,有 3 个温度档次可供选择。

第三层是有橡胶密封的加压层。层内充满了具有相当于一个大气压的空气,保障了航天员处于正常的压力环境,不致因压力过低或过高而危及生命。

第四层是一个约束层。它把充气的第三层约束成一定的衣服外形,同时也协助最外一层抗御陨星的袭击。

最外一层通常用玻璃纤维和一种叫"特氟隆"的合成纤维制成。它具有很高的强度,能抵御陨星的袭击,还具有防宇宙辐射的功能。

这样复杂的一件航天服,它的制作代价当然十分的昂贵,大约一件在 300 万美元以上。航天服一般很重,虽然在设计中,为了方便航天员的行动,关节部位有较高的灵活性,可是,穿着航天服对航天员来说仍是一个沉重的负担。

据说,第一个穿上航天服进行太空行走的航天员,虽然总共只穿了 12 分钟,已经累得汗流浃背。可是,在太空航天员没有航天服的保护是难以想象的。

关键词:太空环境　航天服

第一位进入太空的人是谁

1961 年 4 月 12 日,前苏联人加加林乘坐"东方号"宇宙飞船,绕地球飞行一周,历时 108 分钟,成为世界上第一位进入太空的航天员。

加加林于 1934 年 3 月出生在前苏联一个普通的家庭中。小时候他是一名淘气的孩子，但强烈的求知欲驱使他如饥似渴地学习他所涉猎的所有知识。在学校里他参加了科技小组，在教师的指导下，小组成员们制作了航空模型，并经常在空旷地方试放飞行。看着如蜻蜓一般敏捷的飞机模型在阳光灿烂的天空中飞翔，加加林暗自下了决心，将来长大一定要当一名飞行员。

在飞向蓝天的强烈愿望驱使下，加加林开始贪婪地阅读描写齐奥尔科夫斯基的书籍，他对这位航天之父十分敬佩。齐奥尔科夫斯基充满热情的精神、坚韧不拔

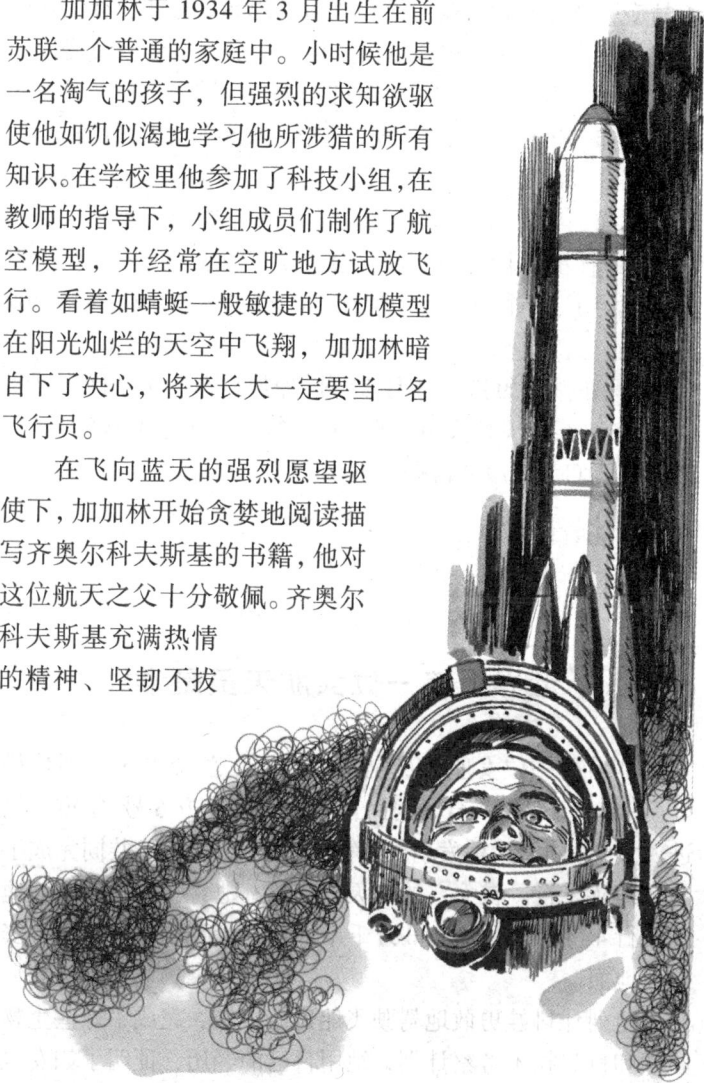

的品格以及无私地献身于宇宙飞行的思想，对加加林的一生产生了巨大的影响，也许这就是他从一名飞机驾驶员变成为世界第一位遨游太空的航天员的动力。

加加林因摘取了世界第一位航天员的桂冠而名扬天下，他荣获了"苏联英雄"称号和列宁勋章。月球背面最大一座环形山以加加林来命名，国际天文学会把"1772 号"小行星命名为"加加林星"，国际航空联合会设立了加加林金质奖章。他先后出访了 28 个国家，封他为"荣誉市民"的城市就有 300多个……

不幸的是，1968 年 3 月 27 日，加加林在一次米格飞机的训练飞行中，因飞机失事身亡，年仅 34 岁。但他光辉的一生，激励着人们为征服宇宙奋斗不止。

☞ 关键词：**航天员**

世界上第一位女航天员是谁

世界第一位女航天员是前苏联的瓦莲金娜·捷列什科娃。1963 年 6 月 16 日，她独自一人驾驶"东方 6 号"宇宙飞船进入太空，同两天前发射的"东方 5 号"宇宙飞船共同完成了太空编队飞行。在太空的三天三夜里，她驾驶的飞船围绕地球飞行 48 圈，航程约 200 万千米。两艘飞船于 6 月 19 日平安返回地面。

捷列什科娃勇敢地驾驶飞船遨游太空，完成了好些生物医学和科学技术考察计划，她用自己的经历，证明了妇女也能在太空中正常生活和工作，开创了妇女进入太空的历史。

1937年出生的捷列什科娃，自幼向往蓝天。中学毕业参加工作后，一边进函授技术学校学习，一边参加航空俱乐部的跳伞活动。自从加加林首航太空后，她和俱乐部的女友一起给航天部门写信，呼吁选派妇女参加航天飞行。1962年，经过严格的选拔，她终于加入到航天员队伍。

为表彰捷列什科娃对航天事业的贡献，她获得了列宁勋章、齐奥尔科夫斯基奖章，国际航空联合会授予她"宇宙"金质奖章，国际妇女联合会选举她为副主席，月球背面的一座环形山（北纬28°，东经145°）也以她的名字命名。

1963年8月，捷列什科娃与另一位航天员尼古拉耶夫结婚，

组成了世界上第一个航天员家庭。1986 年,这位当代的嫦娥,曾来到传说中嫦娥的故乡我国访问,引起了很大的轰动。

关键词: 航天员

为什么在太空中会发生失重现象

地球上的一切物体都受到地球的万有引力,这称为重力。重力的大小随着高度的增加而迅速减小。航天器在环绕地球运行或在行星际空间轨道上飞行时,它们远离地球和其他星球,自然处于失去重力的状态,这就是失重。当然,失重并非绝对没有重力,只不过重力非常微小,所以失重也常称作微重力。

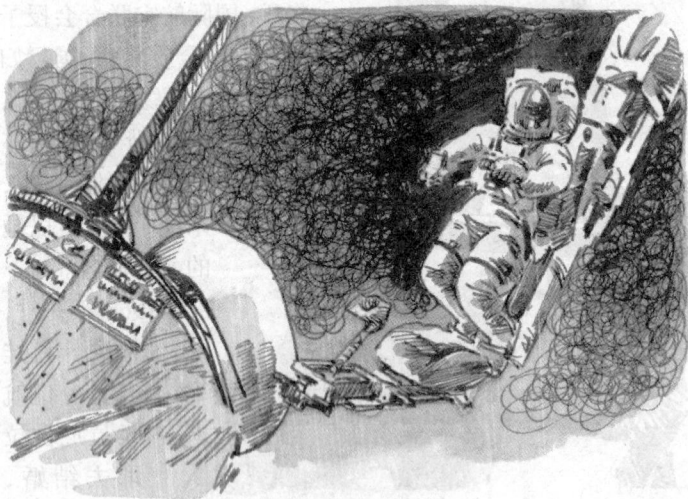

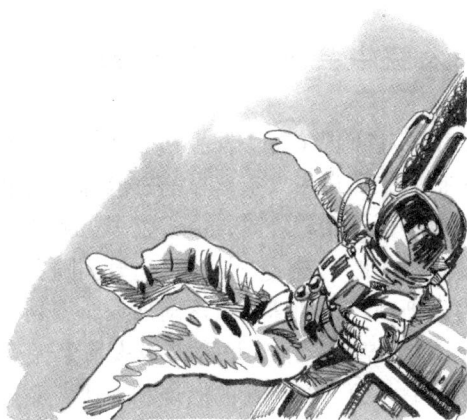

失重是太空环境一个十分重要的特性。

在失重状态下，人体和其他物体受到很小力的作用就能飘浮起来。利用失重，能在太空进行某些地面上难以实现或不可能实现的科学研究和材料加工，例如生长高纯度大单晶硅，制造超纯度金属和超导合金，以及制造特殊的生物药品等。

失重也为在太空中组装结构庞大的航天器(如空间站、太空太阳能电站等)提供了有利条件。

当然，失重也会对人体有一定的伤害，这主要是航天员会患上航天运动病。这种病的典型特征是脸色苍白、出冷汗、恶心和呕吐，有时还会出现唾液增加、上腹部不适、嗜睡、头痛、食欲不振和飘飘然的错觉。长期失重还会导致人体骨质疏松和肌肉萎缩。为了防止和减缓航天运动病，首先要在地面上就加强航天员的训练，增强体质；另外是在太空中重视体育锻炼，我们在电视上收看有关航天活动的实况录像时，经常可以看到，太空中的航天员正在运动器械上活动身体呢。

☞ 关键词：**重力　失重　航天运动病**

为什么在太空中会发生超重现象

在载人航天活动中，超重现象主要发生在航天器的发射和返回过程中。为了把航天器送入太空，目前一般都采用多级运载火箭。在第一级火箭开始燃烧时，由于整个火箭的自身重力很大，加速度是很小的，看上去是徐徐上升。随着燃料的消耗，火箭重力逐渐减轻，加速度值逐渐加大，直到第一级火箭燃料耗尽，燃烧停止；接着是第二级火箭开始燃烧，重复上述过程；最后是第三级火箭的燃烧和加速。经过这样三次的加速过程，一般可把载人航天器加速到第一宇宙速度(7.9千米/秒)，进入绕地球的太空轨道。在这个加速过程中，载人航天器上的设备和其中的航天员，自身的重力都会相应地增大许多，而处于超重状态了。

同样道理，载人航天器在完成任务从太空返回地面时，也会出现超重现象。返回前，载人航天器的返回舱先把底部朝前，然后利用反推火箭减小速度和降低轨道高度。在进入大气层时，因受空气的阻力而逐步减速。刚开始时，因高层大气密度很小，减速值很小；随着高度的降低，大气密度逐渐增加，阻力逐渐加大，减速值也逐渐加大，并在达到最大值后开始减小，形成一个半正弦的曲线。因此，在返回过程中，载人航天器及航天员，将第二次进入到超重状态。

早期运载火箭每级发动机的燃烧时间较短，所达到的加速度峰值较高，可以达到地面重力加速度的7~9倍，这会对航天器的结构带来损坏，而航天员的身体也受不了。随着航天技术的提高，延长了火箭的加速过程，火箭发射时的加速度已下降到地面重力加速度的 5 倍；而返回时的超重也大大减小。航天飞机条件更好了，发射时超重峰值只相于 3 倍重力加速度，返回时采用了滑翔式飞机般地再入，超重峰值不到重力加速度的 2 倍,一般健康的人都可以承受得了。

过大的超重对航天员的身体十分不利，因为人的体重突然增加了许多倍,无论是对心血管系统,还是对呼吸功能,以及人的工作效率,都会造成不良的影响。人能忍受超重的能力总是有限的，为了最大限度地减小这个影响，人们在载人航天活动中对超重采取了一些防护措施。比如在起飞和返回时，航天员以平躺的姿态来对抗超重，以减轻头部的供血不足、缓解呼吸困难和心脏节律失调。此外,加强对航天员的选拔和训练也很重要，提高航天员上天时对超重的适应能力，以保证他们能顺利而安全地完成航天任务。

关键词：超重

为什么航天员进行
舱外活动前要吸纯氧

生活在载人航天器 (如空间站、航天飞机或宇宙飞船) 内的航天员,那里有与地面相当的气压,因此,航天员除了有失重的感觉外，生活上可以与地面上没有太大的差异，甚至可以穿上一般的衣服。

但是，航天员如果要到航天器外的太空中去完成种种任务，即舱外作业，就必需穿上一种特别的航天服，并在出舱前先呼吸三小时纯氧,以避免进入太空后出现减压病。

什么是减压病?为什么吸氧能防止减压病?

我们来看看航天员出舱前后所面临的变化。航天器内通常保持与地面相当的大气压力,即每平方厘米约9.8牛顿压力,一个成年人的身体表面积总计2平方米左右,这样,他所承受的压力就大约为19.6万牛顿。但是,我们在地面并不感到身上有如此大的压力,这是因为人体内部产生的内压与之平衡。如果外界压力一旦减小,人体组织和体液中溶解的气体(主要是氮气),就会转变为游离的气体,在血管内形成气泡堵塞血管,在血管外压迫局部组织,出现四肢疼痛、面色苍白、出汗虚脱、呼吸困难、听觉失灵等情况,这就是减压病,与高山反应征状十分类似。

虽然航天员在出舱时穿上了航天服,服内也保持有一定的气压,但因目前技术水平所限,这个气压值还不能做到与舱内一样,而仅为舱内的1/3左右(相当于9～10千米高空)。地面实验证明,在8千米以上人就可能会患上减压病,因此航天员在出舱前,都要先吸足纯氧,使体内组织和体液中的氮气尽可能排出,以避免在舱外发生减压病,从而顺利地完成舱外作业任务。

☞ 关键词:减压病　舱外作业

宇宙辐射对航天员有什么危害

在地球上空,太阳是个巨大的辐射源,它每时每刻都在向地球辐射出大量的能量。太阳辐射中可见光和红外光占了总量的 90% 以上，它供给地球以热量，也是各种航天器的主要能源。

太阳辐射的紫外线、X 射线和 γ 射线，尽管在其辐射总量中所占的比例很小，但它对人体安全和物质材料，均有很大的危害性。好在地球大气层上部的电离层和臭氧层，都对它们有阻挡的作用，因而在地面上总是很安全的。

但在地球大气层外的太空里，航天器完全暴露在太阳的辐射之下。因此，航天器的结构材料会快速老化，电子器件会加快失灵，更重要的是，航天员的健康可能会受到严重损伤。

宇宙辐射如若作用于人体，将使人体细胞中的原子产生电离效应，使机体分子、细胞、组织结构受到损害，失去原有的生理功能。辐射对人体的损伤可分为急性损伤和慢性损伤两种。急性损伤也就是人们常听说的辐射病，它是在短时间内受到大剂量辐射造成的，人会出现白细胞、血小板剧烈减少，并致人死亡；慢性损伤经过治疗和脱离辐射环境后，可以恢复健康。

航天员在舱外活动时所穿的航天服，具有防护辐射的功能；在出舱前，航天员也可以服用一些防辐射的药物，这对预防辐射病都是有效的。但随着载人航天活动范围的扩大，飞行轨道越来越高，可能受到的辐射强度也越来越大，因此不断研究辐射病的防治，仍是航天医学的一个重要课题。

☞ 关键词：**宇宙辐射　辐射病　航天医学**

航天员从太空中
看到的地球是什么样子

太空中的航天员,最大的乐趣是观看太空的景观。他们看星星,从来看不到星星闪烁的现象,因为没有大气层的遮挡,看到的各个星座十分清晰。他们经常看日出日落,但他们最喜欢看日落的情景,日落后可以看到发白的光,看到日落的准确位置。看月亮也很有趣,白天看到的月亮呈浅蓝色,很漂亮,夜间看月亮,只能看到月亮的局部。这里的月亮非常亮,比在地球上看到的亮得多。

"天上人间"的人,最喜欢看人类的摇篮——地球,那里有日夜想念他们的亲人。虽然他们每个人都有自己的描述和独特的见解与发现,但每个人都会由衷地感叹"地球漂亮极了"。在太空中看地球,粗看是一个蓝色球体,细看起来,地球白天大部分是浅蓝色,唯一真正的绿色带是中国的青藏高原地区;一些高山湖泊很明亮,而且呈橄榄绿色,好像硫酸铜矿的颜色;撒哈拉大沙漠显示出特别的褐色;在地球温度较低又没有云层的地区,如喜马拉雅山那样的高山地区,可以看清楚其地貌,甚至看到了那里的森林、平原、道路、溪流和湖泊,还有几幢房屋及烟囱里冒出的白烟。

美国航天员在飞向月球途中,看到了我国的万里长城;有一名航天员飞越美国上空时,看到了得克萨斯州的一条公路;在印度上空,他们看到了飞驰的火车;在缅甸上空,他们看到了河中的船只。在晴天,他们还能分辨出地球上的色彩对比,如喜马拉雅山的深色巍峨群峰,衬托着皑皑白雪,给人们一种寥廓而荒凉之感。伊朗的卡维尔盐渍大沙漠最令人神往，它看上去像木星，中间有一个呈红色、褐色和白色的大旋涡，这是盐湖经过无数岁月的蒸发之后留下的痕迹。他们还看到巴哈马群岛像绿宝石一样闪闪发光。

在太空看地球上的闪电非常有趣和令人振奋，一阵阵雷电闪烁，好像是盛开的石竹花，闪电频繁连接时可看到一片火海。如果是夜间看闪电，有时可一次看到五六处不同云层的闪电，把整个云层照亮，其景色之动人，真是无法形容。

从太空看地球，美不胜收。

关键词：**航天员　地球**

什么是光子火箭

为了提高火箭在宇宙航行中的飞行速度，科学家一直在寻找新的能源。1953年，一位德国科学家提出了光子火箭的设想。光子，就是构成光的粒子。当它从火箭的尾部喷出来的时候，就具有光的速度，每秒可以达到30万千米。如果用光子来作为火箭的推力，我们到达太阳的近邻——比邻星就只要4～5年的时间，那有多好！

可是，光子火箭的设想还只是停留在理论上，制造它的困难在于它的结构。

我们已经知道，原子是物质化学变化中最小的微粒，原子又是由带正电的原子核和围绕原子核运动的带负电的电子组成的。原子核由带正电的质子和不带电的中子组成。质子、中

子和电子还可以分成许多微小的粒子,如中微子、介子、超子等等。

　　科学家还发现,宇宙中还存在着和这些粒子对应的、电荷相等而符号相反的粒子,如带正电的"反电子"、带负电的"反质子"等,这些粒子被称为"反粒子"。科学家预言,在宇宙空间还存在着"反粒子"组成的"反物质",当粒子与"反粒子"、物质和"反物质"相遇的时候,就会发生湮灭,同时就会产生大得惊人的能量:500克的粒子和500克的"反粒子"湮灭,所产生的能量就相当于1000千克铀核反应时释放的能量。

如果我们把宇宙中存在的丰富的氢收集起来，让它和其"反物质"在火箭发动机内湮灭，产生光子流，从喷管中喷出，从而推动火箭，这种火箭就是"光子火箭"，它将达到光的速度，以30万千米/秒的速度前进。

虽然湮灭得到的能量十分诱人，科学家在实验室里，也已获得了各种"反粒子"，如"反氢"、"反氚"和"反氦"。但是，它们瞬息即逝，无影无踪。按目前的科学技术水平，不可能将它们贮存起来，更难以用于推动火箭的飞行。

然而，科学家还是乐观地认为，光子火箭的理想一定会实现。他们设想，在未来的光子火箭里，最前面的是航天员工作和生活的座舱，中间是粒子和"反粒子"的贮存舱，最后面是一面巨大的凹面反射镜。粒子和"反粒子"在凹面镜的焦点处相遇湮灭，将全部的能量转换成光能，产生光子流。凹面镜反射光子流，推动火箭前进。

当然，在这样的光子火箭里，航天员的座舱必须有防辐射保护。否则，航天员的生命就会受到伤害。

☞ 关键词：光子火箭　反粒子　反物质　湮灭

什么是空天飞机

空天飞机是一种正在研究的飞行器，它的全称叫航空航天飞机。顾名思义，它既可航空，在大气里飞行；又可航天，在太空中飞行，是航空技术与航天技术高度结合的飞行器。

美国在1981年研制成功了航天飞机，成为航天发展史上的一个重要里程碑。但是,航天飞机仍存在着许多不足,主要是维护复杂、费用昂贵和故障经常发生等。而空天飞机与航天飞机相比,则更多地具有飞机的优点。它的地面设施简单,维护使用方便,操作费用低,在普通的大型机场上就能水平起飞和降落,就连它的外形也酷似大型客机。它以液氢为燃料,在大气层内飞行时,充分利用大气中的氧气。加之它可以上万次地重复使用,真正实现了高效能和低费用。

研制空天飞机最大的关键技术是动力装置。它的动力装置必须能在极广的范围内工作,即从起飞时速度为零,到进入太空轨道时的超高速度范围内都能正常运

行。这就要求它的动力装置具有两种功能：一是火箭发动机的功能，用于大气层外的推进；另一就是吸气式发动机的功能，用于大气层内的推进。吸气式发动机工作时，利用冲压作用对空气进行压缩液化，为其提供液氧燃料。

可以预料，空天飞机一旦研制成功，航天飞机将会被它完全代替，而地球上任何两个城市间的飞行时间都不会超过2小时，你说这有多快呀！

关键词：航空技术　航天技术　空天飞机

关键词汉语拼音索引

H

G

图书在版编目(C I P)数据

星际太空/赵君亮,李必光主编.—上海:少年儿童出版
社,2011.10
(十万个为什么)
ISBN 978-7-5324-8910-7

Ⅰ.①星... Ⅱ.①赵...②李... Ⅲ.①宇宙—儿童读物 Ⅳ.①
P159-49
中国版本图书馆CIP数据核字 (2011) 第217196号

✳

十万个为什么

星际太空

赵君亮 李必光 主编
总策划 李名慈 总监制 周舜培
陆 及 费 嘉装帧 马 坚图

责任编辑 靳 琼 美术编辑 赵 奋
责任校对 王 曙 技术编辑 陆 赟

出版 上海世纪出版股份有限公司少年儿童出版社
地址 200052 上海延安西路 1538 号
发行 上海世纪出版股份有限公司发行中心
地址 200001 上海福建中路 193 号
易文网 www.ewen.cc 少儿网 www.jcph.com
电子邮件 postmaster @ jcph.com

印刷 山东新华印务有限责任公司
开本 787×1092 1/32 印张 11.875 字数 256 千字
2014 年 8 月第 1 版第 4 次印刷
ISBN 978-7-5324-8910-7/N·941
定价 20.00 元

版权所有 侵权必究
如发生质量问题,读者可向工厂调换